GEOMETRIE
EN DE ZOEKTOCHT NAAR DE
HEILIGE GRAAL

JANOSH

DTP en traffic: Janosh
Editing: Jolien Ophof

CIP-gegevens
ISBN: 97 890 20284744
NUR: 720
Trefwoord: Geometrie/Heilige Graal/Affirmatie

GEOMETRIE
EN DE ZOEKTOCHT NAAR DE
HEILIGE GRAAL

De decodering van het ultieme mysterie
door de activatie van je ongekende mogelijkheden!

Inhoud . . .

Voorwoord . . .

Na de geometrische patronen van de Graancirkelcodes zijn dit de Graalcodes. Een geheel nieuwe uitdaging. **De Zoektocht naar de Heilige graal** heeft me sinds lange tijd bezig gehouden. Niet alleen de mystieke kant ervan, maar in het bijzonder ook de dieper liggende betekenis. Ik heb altijd het gevoel gehad dat de Graal geen voorwerp kan zijn. Geen beker waaruit tijdens het Laatste Avondmaal gedronken zou zijn. Er zijn belangrijkere relikwieën dan een beker. Bovendien, waarom loopt dit thema door de hele geschiedenis heen? Wat intrigeert ons hier zo aan?

Eeuwenlang worden mensen al gefascineerd door **de Zoektocht naar de Heilige Graal**. Verschillende theorieën over wat de Graal precies is en waar deze gevonden kan worden, zijn onderzocht, betwist, verkend en bediscussieerd. Naast het onderzoeken naar *wat* het precies is, kan gesteld worden dat het minstens zo belangrijk is om te ontdekken *waarom* we zo geïntrigeerd zijn door deze ogenschijnlijk eeuwige zoektocht. En in het vinden van de reden achter deze zoektocht zullen we het antwoord vinden op datgene waar we altijd naar hebben gezocht.

Met deze nieuwe box '**Geometrie en de Zoektocht naar de Heilige Graal**' wil ik graag dieper ingaan op wat de Graal precies betekent. Na een samenvatting van datgene wat er in de loop der eeuwen over gezegd en geschreven is, volgt nieuwe informatie over de Graal die boven alle voorgaande theorieën en denkwijzen uitstijgt. De Heilige Graal ligt aan de basis van de Schepping van Alles. Het is de ultieme en universele vorm van heilige geometrie, aanwezig in alles en via een vastomlijnd plan volgens de principes van de **Gulden Snede** gecreëerd. Het manifesteert zich in onszelf en in alle dingen om ons heen.

Veel informatie is er verzameld en in samenspraak met de Arcturianen kwam ik tot een bijzondere ontdekking. De gehele schepping is onlosmakelijk verbonden met geometrie. De Graal bestaat uit een scheppingscode die zijn oorsprong vindt in geometrie. Voor mijzelf ontdekte ik vele nieuwe mogelijkheden hoe ik kon werken met de vijf platonische lichamen, die aan de basis liggen van de geometrie van de schepping. Via deze nieuwe box, met 33 nieuwe patronen, hoop ik een ieder te inspireren tot een reis naar je eigen waarheid, tot het manifesteren van je eigen innerlijke kracht.

Van hart tot hart,

Janosh

Inleiding . . .

Alle Graalcodes gepresenteerd in deze box zijn gebaseerd op **Heilige Geometrie**. Deze geometrie bestaat uit perfecte verhoudingen die met grote regelmaat in de natuur worden aangetroffen. Een bekend voorbeeld hiervan is de **Gulden Snede**. Ook de **vijf Platonische lichamen** bevatten geometrie volgens vaste verhoudingen en verschijnen overal in de natuur.

Elke Graalcode is opgebouwd volgens een vast patroon dat in de basis begint met de '**Flower of Life**'. Dit is een patroon dat al 6000 jaar oud is, waarbij negentien overlappende cirkels en gelijkzijdige driehoeken door elkaar verweven zijn en tezamen een perfect geometrisch model vormen. Deze specifieke afbeelding werd in het oude Egypte 'Merkaba' genoemd, waarbij Mer staat voor licht- of energieveld, Ka voor ziel en Ba voor lichaam. Deze Merkaba is in oude Egyptische tempels teruggevonden en symboliseerde het energieveld dat zich rond het menselijk lichaam bevindt. Door de eeuwen heen hebben filosofen, kunstenaars en architecten de Flower of Life altijd gezien als een symbool voor perfectie en harmonie. Het staat bekend als het ultieme symbool van Heilige Geometrie waarin de fundamentele vormen van ruimte en tijd liggen opgeslagen.

Ontleend aan dit patroon is de **Tree of Life**, een langwerpig geometrisch model dat al eeuwen wordt gebruikt door verschillende religies, waaronder Kabbalah. Ook de Davidster is bijvoorbeeld ontleend aan dit patroon. In de basis van de Flower of Life bevindt zich nog een ander model, dat bekend staat als de **Fruit of Life**. Dit symbool is opgebouwd uit dertien cirkels en vormt de basis van de **kubus van Metatron**. Deze staat ook wel bekend als de blauwdruk van het universum, omdat het de basis vormt voor het ontwerp van elk atoom, elke moleculaire structuur, elke levensvorm en alles wat bestaat.

In de kubus van Metatron bevinden zich de vijf Platonische lichamen. Dit zijn de enige mogelijke geheel regelmatige veelvlakken, zoals de hexahedron (zesvlak of kubus) en octahedron (achtvlak). Ruim 2500 jaar geleden (rond 520 voor Christus) wist Pythagoras al van het bestaan van drie van deze vijf regelmatige veelvlakken. **Plato** (rond 350 voor Christus) kende ze alle vijf en bracht ze als 'kosmische bouwstenen van de wereld' in verband met de vijf elementen: aarde, water, vuur, lucht en 'hemelmaterie' of ether. Vandaar de aanduiding van deze vijf vormen als Platonische lichamen. Door hun symmetrie en esthetische schoonheid worden deze lichamen beschouwd als de bouwstenen van het universum.

De oorsprong van de mythe

Hoewel mensen altijd al een speciale interesse in de **Zoektocht naar de Heilige Graal** hebben gehad, begon de fascinatie voor de Heilige Graal pas echt op te leven in de laatste paar jaren. De Zoektocht naar de Heilige Graal wordt in de westerse wereld erkend als de grootste van alle spirituele ondernemingen. Door de geschiedenis heen komt deze zoektocht terug in kunst, schilderijen, Ierse mythes, legendes over Koning Arthur en ridder Parsival, als ook in de mysteries rond de Tempeliers, de Katharen en de Priorij van Sion. Volgens het Christelijk geloof is de Heilige Graal de beker waar Jezus uit dronk tijdens het Laatste Avondmaal. Van dezelfde beker wordt gezegd dat deze is gebruikt om het bloed van Jezus op te vangen tijdens zijn kruisiging. Sindsdien hebben mensen altijd gezocht naar dit relikwie, vooral omdat het volgens de overlevering onsterfelijkheid zal brengen aan degene die eruit drinkt. Meer recente onderzoeken wijzen echter in een andere richting. De Heilige Graal zou geen object zijn, maar een symbool voor de nakomelingen van Jezus Christus. Er wordt gezegd dat Jezus tijdens zijn leven getrouwd was met Maria Magdalena met wie hij ook kinderen kreeg. Na de kruisiging van Jezus zou Maria met hun kinderen naar het zuiden van Frankrijk zijn gevlucht, waar de nakomelingen van Jezus de basis vormden voor de eerste koninklijke dynastie van Frankrijk. Deze tweevoudige verklaring vindt zijn oorsprong in het woord 'Sangreal', dat op twee manieren geïnterpreteerd kan worden. Het oud-franse 'San Greal' betekent Heilige Graal en zou verwijzen naar de heilige beker, terwijl 'Sang Real' letterlijk koninklijk bloed betekent en zou duiden op het nageslacht van Jezus. Van de mysterieuze Priorij van Sion wordt gezegd dat deze de bloedlijn van Jezus bewaakt tot het moment is aangebroken om deze aan de wereld openbaar te maken. In essentie vormen de verschillende denkbeelden over de Graal en vooral de significantie ervan tezamen een aantal ideeën dat verbonden kan worden aan Christelijke overtuigingen, Keltische mythologie en middeleeuwse Anglo-Franse vertelkunst.

Heilige Geometrie

De legende van de Graal – meer dan elke andere westerse mythe – heeft zijn levendige magie behouden, wat het een levende legende maakt. In de basis ervan bestaat een geheim dat zijn mystieke betovering door de eeuwen heen heeft doorstaan waardoor deze legende zich heeft ontwikkeld tot een fantasie van de **Ultieme Zoektocht naar Alles**. We verlangen allemaal naar het Universum waar we ooit zo'n hecht deel van uitmaakten. Het herinnert ons eraan dat mythes een hulpmiddel zijn om de kloof tussen ons bewustzijn en de fascinerende geheimen van het Universum te dichten. De studie van Heilige Geometrie verschaft ons vele interpretatieve beelden die ons ondersteunen in het contact maken met het 'mythische moment': een veld van eindeloze mogelijkheden, wanneer alles weer helder wordt, wanneer alles past in perfecte harmonie. Geometrie betekent letterlijk de omvang van de aarde. In de studie naar geometrie is de blauwdruk van creatie opnieuw ontdekt; de architectuur van het universum, de schepping van alle vormen, ons '**patroon van perfectie**'. Onze voorouders waren zich hier terdege van bewust. Zij geloofden dat de ervaring van het heilige binnen geometrie absoluut noodzakelijk was in de tijdloze educatie van de ziel. De term Heilige Geometrie refereert naar die vormen en patronen in de natuur die met grote regelmatigheid verschijnen. Oudere culturen observeerden deze eindeloze herhalingen van dezelfde numerieke relaties en kenden deze geometrie een goddelijke betekenis toe. Egyptenaren, Indianen, Maya's en Kelten bouwden hun monumenten in overeenstemming met deze heilige geometrie. Griekse filosofen Plato en Pythagoras kwamen tot de conclusie dat geometrie inherent is aan het ontwerp van het universum.

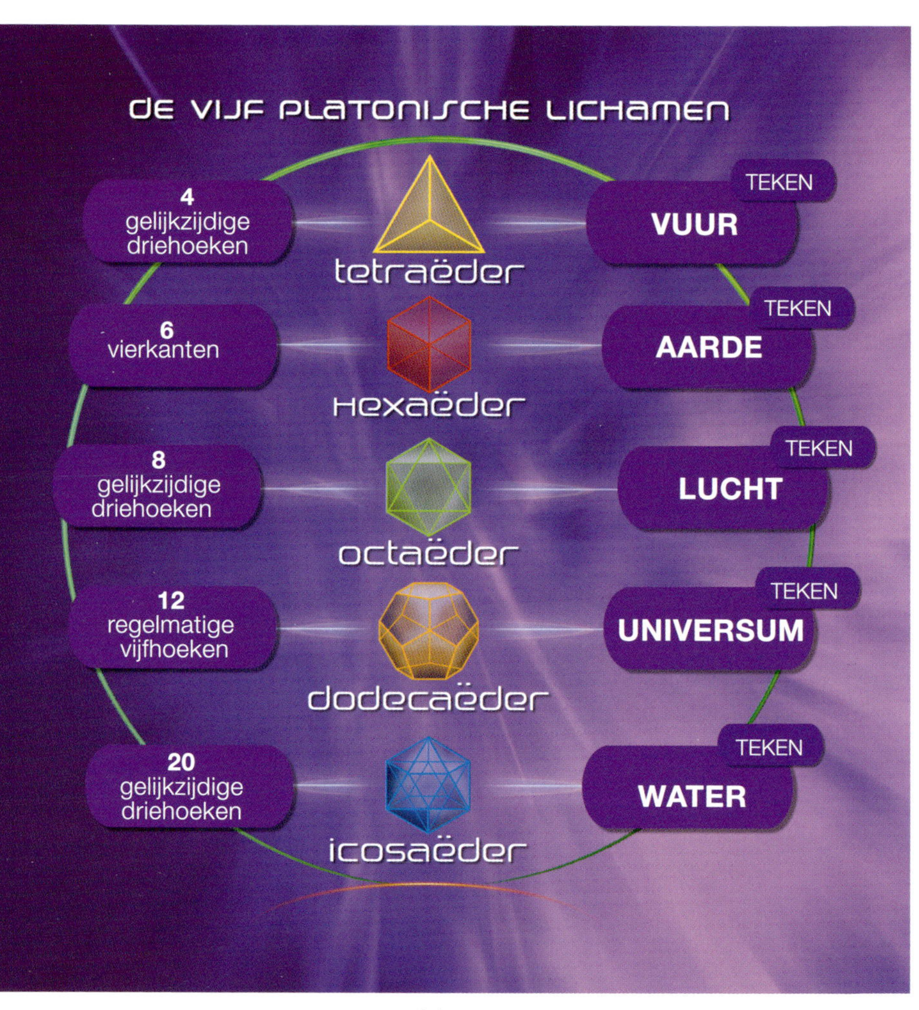
DE VIJF PLATONISCHE LICHAMEN
4 gelijkzijdige driehoeken
tetraëder
TEKEN
VUUR
6 vierkanten
hexaëder
TEKEN
AARDE
8 gelijkzijdige driehoeken
octaëder
TEKEN
LUCHT
12 regelmatige vijfhoeken
dodecaëder
TEKEN
UNIVERSUM
20 gelijkzijdige driehoeken
icosaëder
TEKEN
WATER

Geometrie en de Gulden Snede

Achter geometrie gaat het mysterie van de schepping schuil. Ons gehele universum is gevormd volgens vaste geometrische waarden, waarvan de Gulden Snede de belangrijkste is. Enkele eenvoudige voorbeelden van Heilige Geometrie zijn de cirkel, driehoek en pentagram. Meer complexe en driedimensionale vormen omvatten de bol en de vijf Platonische Lichamen: **Tetraëder**, **Hexaëder** (kubus), **Octaëder**, **Dodecaëder** en **Icosaëder**. De vijf Platonische Lichamen, zo genoemd vanwege Plato's uitgebreide onderzoek naar hun betekenis, zijn de enige vaste vormen waarvan alle zijkanten en hoeken gelijk zijn en alle vlakken gelijkzijdige veelhoeken zijn. Plato relateerde vier hiervan aan de elementen vuur, aarde, lucht en water, met de twaalfzijdige dodecaëder gekoppeld aan de zodiak, of het universum. Plato stelde ook dat atomen deze vijf vormen bevatten. Watermoleculen kunnen zichzelf ordenen in icosahedrale clusters. Deze wiskundige patronen kunnen overal in herkend worden: van de indeling van onze cellen in ons lichaam tot de afstanden tussen de sterren en planeten. Een ander voorbeeld van zo'n wiskundige verhouding is de Gulden Snede, die overal in de natuur verschijnt. Deze verdeelt een lijn in twee ongelijke delen, waarbij de verhouding van het geheel tot het grotere deel gelijk is aan de verhouding van het grotere deel tot het kleinere deel. Als de lijn de waarde 1 krijgt, dan is de Gulden Snede 0,61803. Van oudsher wordt deze verhouding gezien als de ultieme proportie van perfectie, harmonie en goddelijkheid. We vinden de Gulden Snede terug in kunst, literatuur, muziek en architectuur. Egyptische piramides, het Parthenon in Athene, de Notre Dame in Parijs, Leonardo da Vinci's werk en schilderijen van Mondriaan, poëzie en zelfs muziekstukken van Mozart en Beethoven vertonen allemaal deze proportie.

Ook in de natuur komt de Gulden Snede met grote regelmatigheid voor; bomen, planten en bloemen als ook schelpen, vlinders en dolfijnen worden gekenmerkt door deze verhouding. De Nautilus schelp met kamers is wellicht het meest beroemde voorbeeld. Zijn spiraal is opgebouwd volgens de Gulden Snede, net als vele andere spiralen die in de natuur voorkomen. Ons gezicht, onze hartslag, ons DNA, ons handschrift en zelfs aandelenkoersen vertonen de Gulden Snede. De beroemde Fibonacci reeks vormt in de basis de uitgangspositie voor de Gulden Snede. Deze reeks wordt gevormd door telkens de voorgaande twee getallen bij elkaar op te tellen, wat resulteert in de volgende oneindige reeks: 1, 1, 2, 3, 5, 8, 13, 21, 34, 55, etc. De verhouding tussen elke twee opvolgende getallen is bij benadering de Gulden Snede. Aangezien ons lichaam is opgebouwd volgens dit wiskundige patroon, herkent ons brein deze vormen onmiddellijk op onbewust niveau. Ook voelen we bepaalde emoties bij het concentreren op geometrische vormen. Om die reden wordt Heilige Geometrie beschouwd als de meest universele taal die de wereld ooit gekend heeft.

Gedachtenkracht

Met een basisbegrip van de geometrische principes, die de daad van de schepping en de groei en evolutie van alle verschijnende vormen in de natuur spiegelen en verduidelijken, kunnen we uitvoeriger meewerken aan de bewuste co-creatie van evolutie, manifestatie en heling. Wetenschappers vanuit de hele wereld hebben uitgebreid onderzoek verricht naar het fenomeen dat gedachten en intenties tastbare energieën zijn, met de uitzonderlijke gave om onze wereld te beïnvloeden. Hiermee kunnen we ons leven focussen, ziektes genezen en invloed op de Aarde hebben. Ook de wetenschap komt eindelijk naar voren, zij het langzaam en voorzichtig, dat alles energie is, dat ook onze gedachten energieën zijn met een eigen frequentie. De bekendste wetenschapper die dit fenomeen uitvoerig heeft onderzocht is Dr. Masuro Emoto. Deze Japanse wetenschapper heeft baanbrekend onderzoek verricht naar het effect van woorden en gedachten op water. Hij heeft zijn ontdekkingen gepubliceerd in verschillende boeken, die wereldwijd al meer dan een half miljoen keer zijn verkocht. Emoto toonde aan dat woorden de fysieke realiteit beïnvloeden. Hij bevroor water monsters, stelde deze bloot aan positieve en negatieve muziek en woorden door middel van transparante etiketten en ontdekte dat de structuur van de kristallen significant was veranderd. Positieve woorden en klassieke muziek creëerden heldere, perfect geometrische structuren; negatieve woorden en harde techno muziek creëerden asymmetrische, grillige kristallen. Op basis van zijn ontdekkingen concludeerde Emoto dat woorden en gedachten een essentiële invloed hebben op het menselijk lichaam, dat immers voor bijna zeventig procent uit water bestaat. Dankzij deze onderzoeken weten we nu dat onze gedachten en bijbehorende emoties een wezenlijk effect hebben op onszelf en onze omgeving. Wees je bewust van je gedachten en uitspraken. Gebruik je gedachtenkracht op individueel en collectief niveau. Onze tijd is een tijd voor actie om transformatie te genereren. Erken hoe onze gedachten, gevoelens en overtuigingen onze werkelijkheid bepalen.

De werkelijke Zoektocht

Tot de dag van vandaag hebben velen deze mythe rond en de werkelijke betekenis van de Zoektocht naar de Heilige Graal onderzocht. De enorme populariteit van dit onderwerp is een bewijs van de blijvende greep die het altijd op onze verbeelding heeft gehad. De metaforische significantie van de legende rond de Heilige Graal spreekt boekdelen. Mijns inziens is de Zoektocht naar de Graal in feite een **zoektocht naar het Goddelijke in onszelf**. In dit zoeken verbinden we ons aan het ultieme en creatieve mysterie dat zowel in onszelf als alles om ons heen aanwezig is: de herinnering aan wie we zijn, waar we vandaan komen en waarom we hier op Aarde zijn. De Zoektocht naar de Graal wordt erkend als de grootste van alle spirituele ondernemingen. We verlangen naar de terugkeer van onschuld, het gevoel van ontzag, wonder en mysterie dat we als kind hadden, waar alles klopt en (bijna) alles duidelijk is. We verlangen allemaal naar het Universum waar we ooit zo'n hecht deel van uitmaakten. Van de dans van subatomaire deeltjes tot het ronddraaien van de sterrenstelsels en het einde van de regenboog; van de 'arc' in architectuur tot de 'Ark' van het Verbond, geometrie stelt ons in staat de verschijning van de harmonie en ordening van het Goddelijke te aanschouwen. Het vormt een ontmoetingspunt tussen **'geziene'** en **'ongeziene'** werelden. Van oudsher is Heilige Geometrie gebruikt als een waardevol gereedschap voor zelfontplooiing en zelfkennis, want als het heilige zichzelf openbaart in alles, kan men op elk gewenst moment de Goddelijke kracht die liefdevol stroomt door ieder van ons herkennen; ons bewustzijn barst door de wereld van ideeën. Om die reden kunnen we Heilige Geometrie gebruiken als een gereedschap om de Graal te vinden. We hebben de Graal altijd al in ons gedragen. De ware Zoektocht naar de Heilige Graal is onszelf te bevrijden. Het is een zoektocht naar het terugvinden van onze eeuwige ziel. En als we één worden met onze eigen innerlijke goddelijkheid, het ultieme mysterie, dan herleven we door de vertegenwoordiging van de Graal een waardevolle en heilige co-creatieve daad: het terugvinden van onze eigen innerlijke kracht, onvoorwaardelijkheid en vrijheid.

Maria Magdalena

De Heilige Graal is onlosmakelijk verbonden met Maria Magdalena. In de overgang waarin de aarde verkeert, staat haar energie symbool voor harmonie en het Heilige Vrouwelijke.

Maria Magdalena is een Bijbels figuur uit het Nieuwe Testament. Er is weinig over haar geschreven, behalve dat zij Jezus volgde, aanwezig was bij zijn kruisiging en de graflegging. Daarnaast was zij de eerste die Jezus na zijn opstanding zag. In de zesde eeuw besloot Paus Gregorius I om Maria Magdalena gelijk te stellen aan boetvaardige zondares, ofwel een vrouw van lichte zeden. Eeuwenlang werd Maria Magdalena verguisd door de katholieke kerk, in de kunst en literatuur. Pas in 1969 werd zij door de kerk in ere hersteld. Maar wie Maria Magdalena in werkelijkheid was, daar wordt – tot de dag van vandaag – over gezwegen...

Onderzoek en een aantal unieke vondsten wijzen in een geheel andere richting dan de kerk eeuwenlang heeft willen laten geloven. Maria Magdalena was beslist geen prostituee, maar een vrouw van voorname afkomst die de tempel van Isis diende en op hoog niveau was ingewijd op verschillende mysteriescholen. Zij ontwikkelde een intense spirituele relatie met Jezus, die haar later zelfs de titel 'apostel boven alle apostelen' opleverde. Meer nog dan de twaalf discipelen was het juist Maria Magdalena die de brug vormde tussen Jezus en zijn volgelingen. Hun bijzondere zielsconnectie groeide tot een liefdesrelatie en aangenomen wordt dat Maria Magdalena met Jezus was getrouwd en zijn kinderen heeft gekregen. Na zijn kruisiging zou Maria Magdalena volgens de overlevering gevlucht zijn naar Frankrijk, alwaar zij hun kinderen heeft grootgebracht. De connectie met de Heilige Graal ligt in het oud-franse woord 'Sangreal'. Door dit woord te anders te scheiden dan voorheen altijd is gedaan, ontstaat het woord 'Sang Real', wat koninklijk bloed betekent, ofwel de bloedlijn van Jezus.

Een bijzondere vondst in Cairo in 1896 zet het door de kerk geschetste beeld van Maria Magdalena volledig op z'n kop. Een klein deel van het Evangelie van Maria Magdalena wordt gevonden. Maar een echt spectaculaire vondst vindt plaats in het dorpje Nag Hammadi in 1945. Dertien codices (boeken), verstopt in een kruik, worden in een grot ontdekt en blijken de tot nu toe oudste christelijke handschriften te bevatten. Deze evangeliën, waaronder een ander deel van het Evangelie van Maria Magdalena en het Evangelie van Thomas, moesten eeuwen geleden door de kerk vernietigd worden omdat de inhoud ervan niet overeenkwam met de leer die de toenmalige kerkleiders wilden uitdragen. Vooral de kerkleer van een vrouw, Maria Magdalena, werd niet geaccepteerd omdat de kerk vrouwen beneden mannen stelde. Veel kloosters hebben op last van de kerkvaders deze officieuze evangeliën verbrand. Maar één klooster in Egypte besloot deze evangeliën en codices, nu bekend als de Nag Hammadi geschriften, te verbergen tot ze vele eeuwen later gevonden zouden worden.
Met de vondst van het Evangelie van Maria Magdalena veranderde de wereld. Haar energie, wijsheid en spirituele inzichten geven kracht aan het overgangsproces waar mens en aarde in verkeren. Sinds duizenden jaren hebben we de mannelijke energie beleefd en geleefd. Grote krachten werden meestal toegekend aan een god of goden met een mannelijke benaming. De energie op aarde is echter aan het veranderen. De vrouwelijke energie, vertegenwoordigd door Maria Magdalena, zal weer zeer belangrijk zijn. Wanneer de Magdalena energie en de dominante, mannelijke energie samenkomen in ons hart zal de kracht om te manifesteren compleet zijn. De tijd is rijp dat de Magdalena energie volledig gaat stromen, zodat wij onszelf kunnen openen en in de juiste staat van bewustzijn brengen. Maria Magdalena was een graal, een kanaal, een kelk. Ze droeg het vrouwelijke vuur van de Goddelijke bron. Zij staat symbool voor harmonie, liefde en balans. Zij draagt bij aan de enorme transformatie die de aarde te wachten staat. De kracht van creatie rust in onze handen om zodoende de aarde herboren te doen worden. Dit is het begin van een nieuwe droom, een nieuw tijdperk.

Het oog van Horus – de Mysteriescholen in het oude Egypte

Van Maria Magdalena wordt gezegd dat zij de tempel van Isis diende en was ingewijd op verschillende mysteriescholen. Deze scholen staan bekend als het Linker Oog van Horus en het Rechter Oog van Horus. Deze Egyptische god was de zoon van Osiris (de vadergod, oorspronkelijk afkomstig van Atlantis) en diens zus Isis (de moedergodin). Horus staat bekend als het zonnekind waaruit alles is ontstaan, als de oorsprong van Alles. Hij was heerser over de hemel en de sterren, waarbij zijn linkeroog stond voor de maan en zijn rechteroog voor de zon. In het oude Egypte symboliseerde het Horus-oog het eeuwig terugkerende herstel van de universele harmonie.

Het rechteroog van Horus staat voor intellect, logica, wiskunde en geometrie en is verbonden met de linker hersenhelft. Het linkeroog staat voor gedachten, gevoelens en intuïtie en is verbonden met de rechter hersenhelft. In het oude Egypte was men zeer bedreven in de scholing van ons innerlijk bewustzijn. Het linkeroog en rechteroog staan symbool voor deze scholing, maar ook voor de balans in alle dingen: goed/kwaad, dag/nacht, zwart/wit, etc. Alleen door beide ogen te openen, zal men een nieuw begrip van de kosmos vinden.

De Horus Mysterieschool van het Linker Oog was gericht op het vrouwelijke en betekende een training van het intuïtieve, emotionele lichaam. De school werd in twaalf jaar doorlopen. Een jaar lang verkeerde de leerling in telkens een andere tempel, waarbij de nadruk lag op het overwinnen van angsten om zodoende steeds sterker te worden. Dit vrouwelijke pad onderzocht de menselijke aard van emoties en gevoelens, zowel positief als negatief. Emoties werden gezien als nodig om in totale balans te komen. Na twaalf jaar was de leerling zonder enkele angst en klaar voor de school van het Rechter Oog.

De Horus Mysterieschool van het Rechter Oog was gericht op het mannelijke en betekende een training van het eenheidsbewustzijn. Heilige Geometrie was hierbij een hoofdvak. Ook deze school werd in twaalf jaar doorlopen. De leerling diende te interpreteren wat was 'gezien' bij de verworven kennis op de school van het Linker Oog. De laatste initiaties vonden plaats in de dertiende tempel aan de Nijl, nabij de piramide van Gize. De laatste test was het bereiken van de staat van onsterfelijkheid.

Het uiteindelijke doel van Horus-scholen was om de kennis van beide onderdelen – en dus beide hersenhelften - zodanig te integreren dat deze tezamen een model vormden om de codes, de geheimen van het leven te ontvangen en toe te passen. Alleen als deze integratie heeft plaatsgevonden, kan men over naar de volgende dimensie. Na deze lange periode van onderwijs en trainingen volgden de stappen naar Inwijding. Eeuwen geleden werd de piramide van Cheops gebruikt als inwijdingsplaats voor diegenen die beide mysteriescholen hadden doorlopen en klaar waren voor verlichting, voor vereniging met het goddelijke.

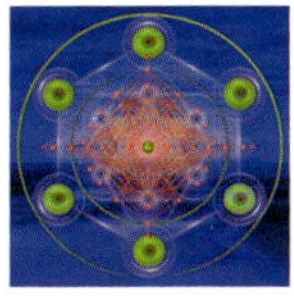

Gebruik van de Graalkaarten . . .

De Geometrie-Graalkaarten in deze box hebben geen specifieke betekenis. Wel hebben ze een naam, maar de interpretatie ervan is naar eigen wens, gevoel en keuze. De kaarten hebben alleen een thema gekregen. Dit omdat alle informatie die wordt gegeven vervolgens wordt gefilterd. Door hoe je het leest, maar ook door hoe ik het vertel. Als ik een bepaalde uitleg geef, dan geef ik mijn interpretatie aan de betekenis van de kaart mee. En mijn interpretatie hoeft niet noodzakelijkerwijs voor iedereen dezelfde waarheid te zijn. Het thema van de Heilige Graal is dan ook: jezelf bevrijden. Niet meer volgen, niet meer alles voor lief nemen.

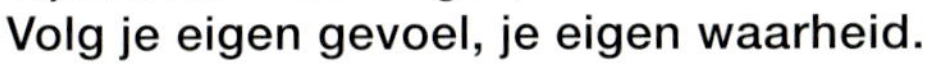

Volg je eigen gevoel, je eigen waarheid.

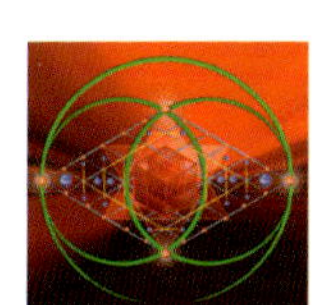

De kaarten hebben elk twee namen. Dit om slechts een houvast te bieden, ter communicatie. De interpretatie en betekenis van de kaart is voor jou alleen. De eerste is de naam van de kaart. De tweede naam is het thema van de kaart. In de inleiding vind je een overzicht van Graalkaarten, welke zijn genummerd van 1 tot en met 33. Op de achterkant van elke kaart vind je bovenaan een nummer in Romeinse cijfers. Zo kun je de naam van de kaart opzoeken in dit boekje. Werk ermee zoals jij het wilt en ervaart.

Kijk ernaar, trek een kaart om antwoorden te ervaren en te voelen. Speel ermee, voel. De essentie is dat de Geometrie van de Graal via je onderbewustzijn bij je binnenkomt. Op de achterkant van elke kaart vind je ook een Egyptische wijsheid, voel deze energetisch. Probeer het niet te begrijpen, want dan schiet je weer in het denken en stopt het gevoel. Er is geen methode, geen vaste waarheid. Geniet, geef je over en speel met de kaarten zoals jij wilt.

GRAAL I

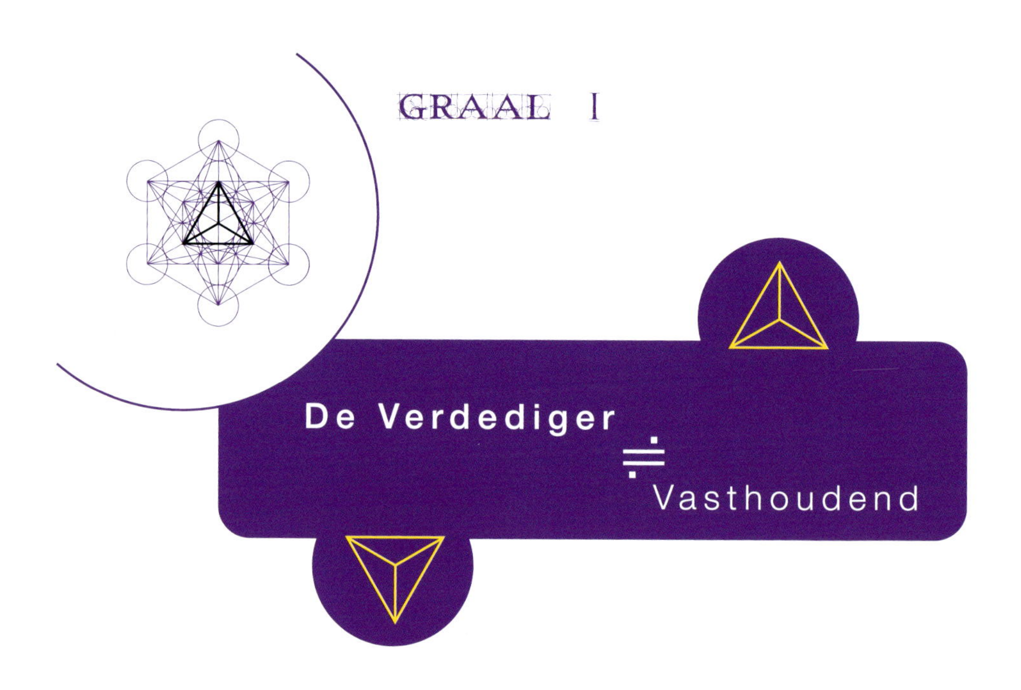

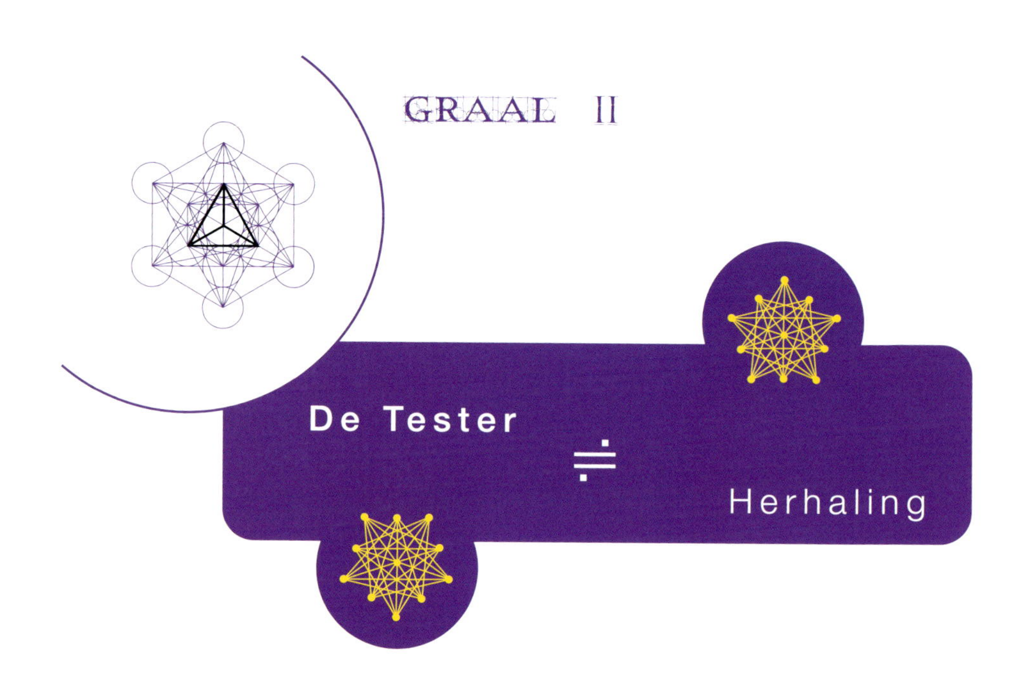
GRAAL II
De Tester
÷
Herhaling

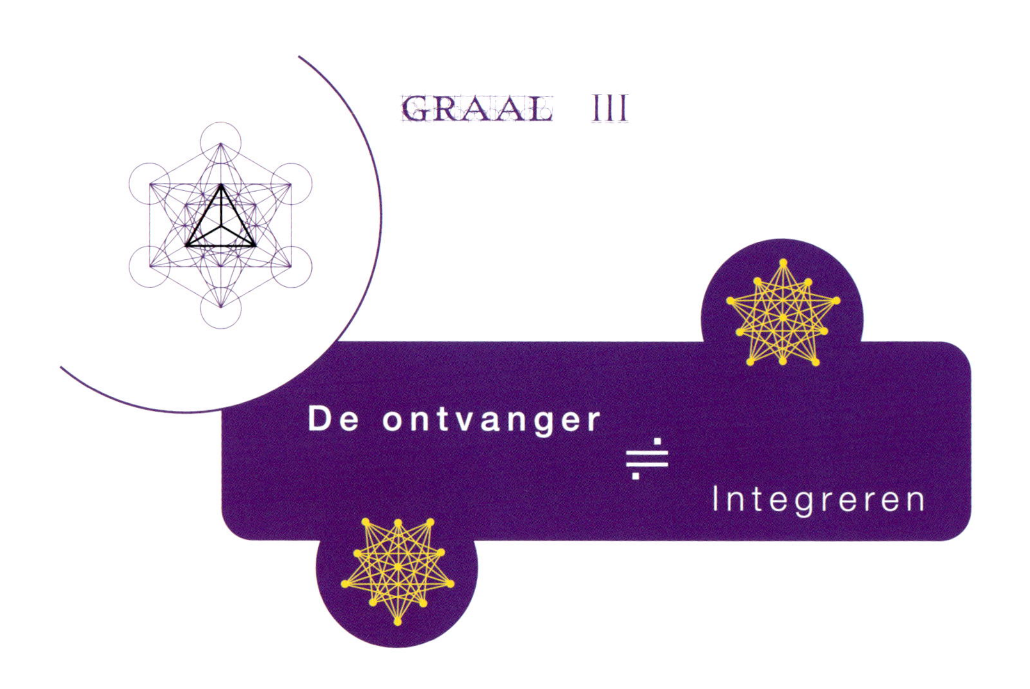
GRAAL III
De ontvanger
Integreren

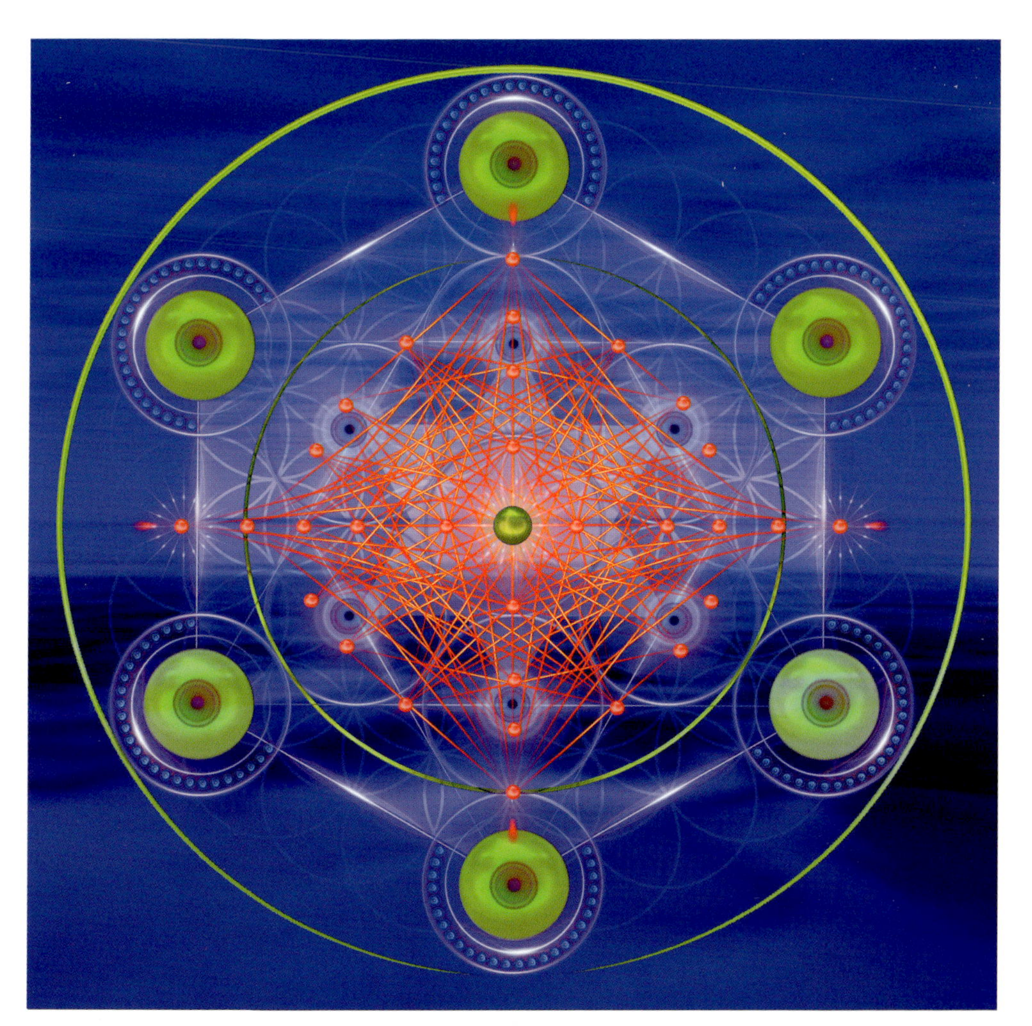

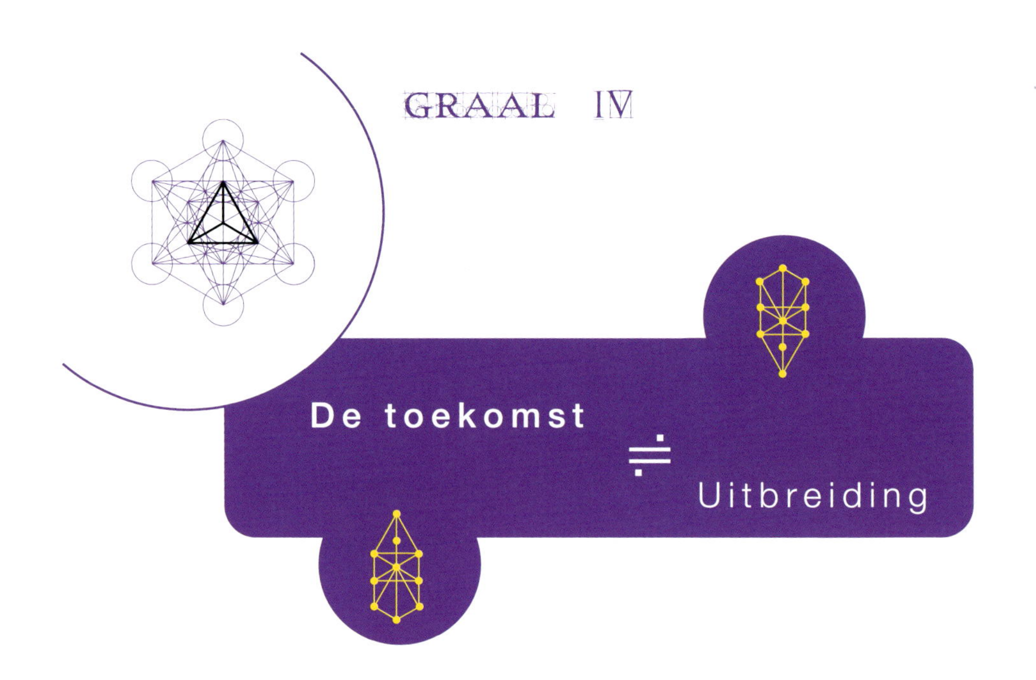
GRAAL IV
De toekomst
÷
Uitbreiding

GRAAL V

De gokker ÷ Verantwoordelijkheid

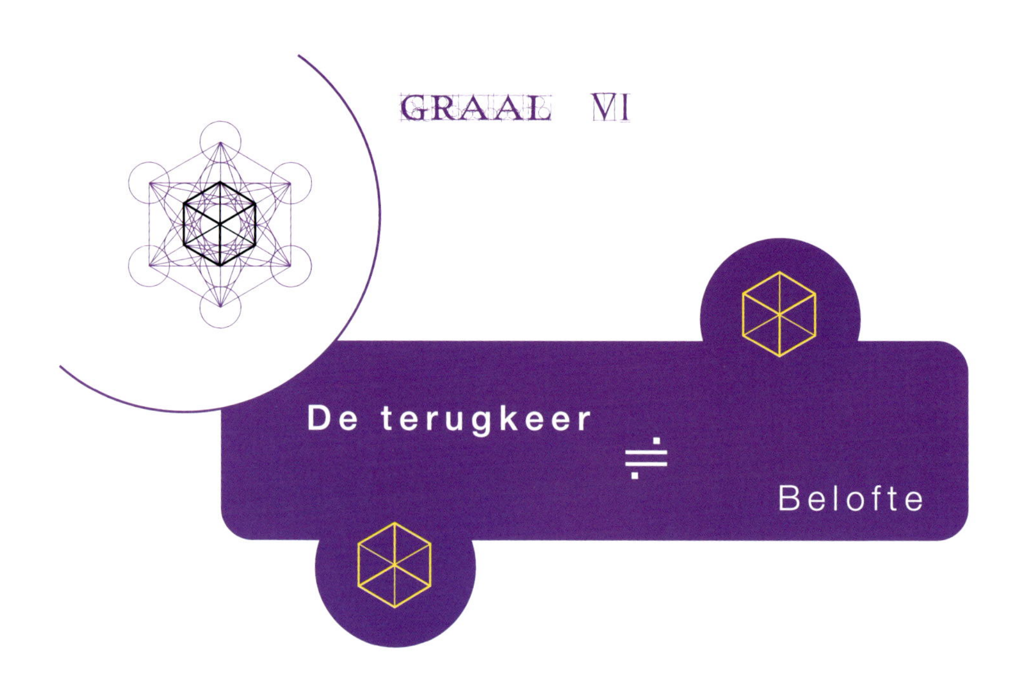
GRAAL VI
De terugkeer
÷
Belofte

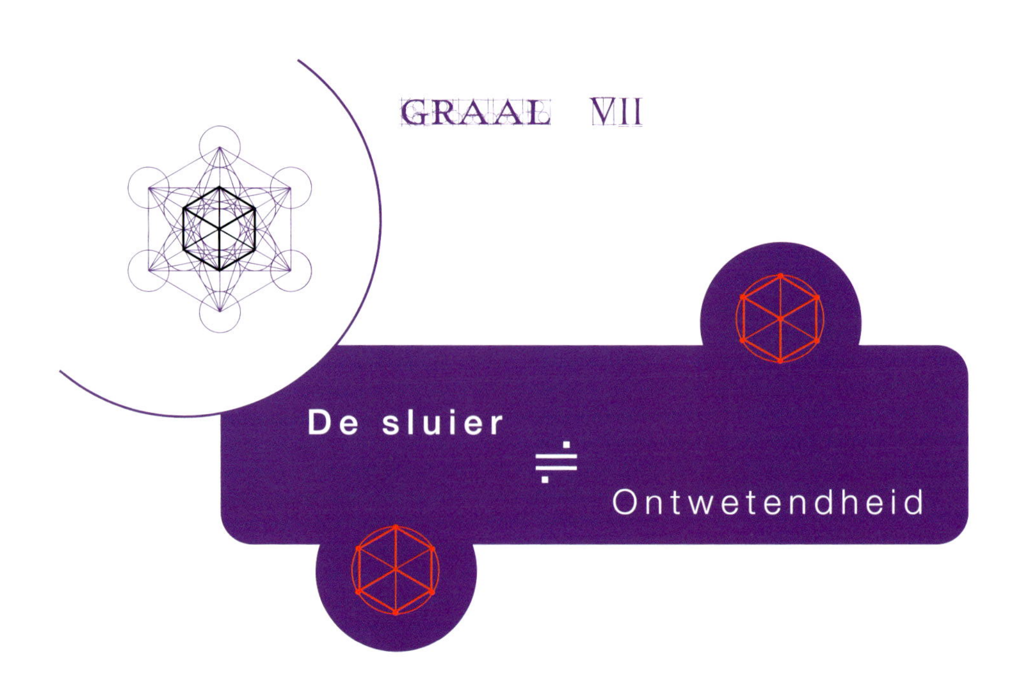

GRAAL VII

De sluier ÷ Ontwetendheid

GRAAL VIII

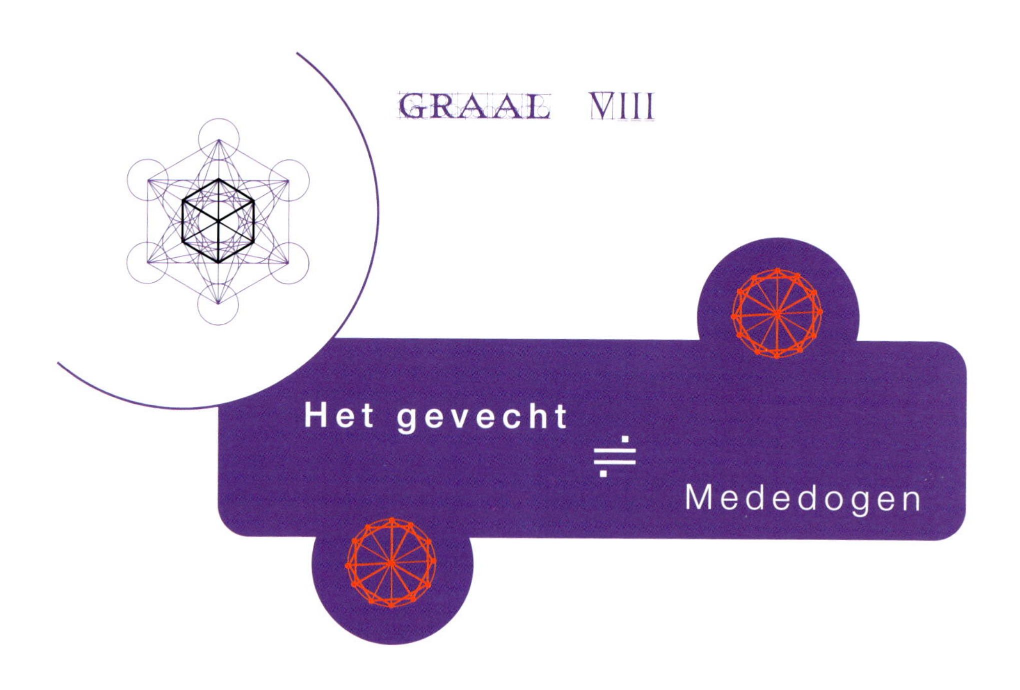

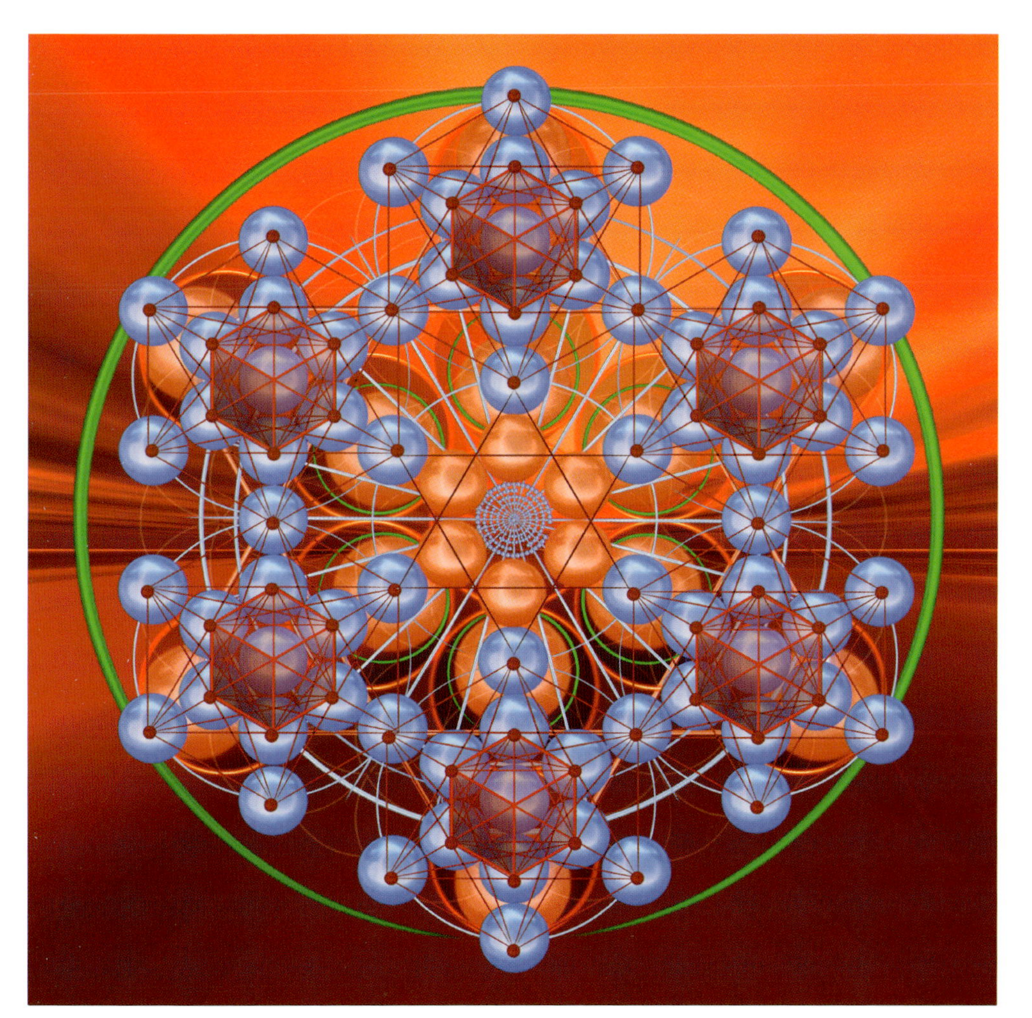

GRAAL IX

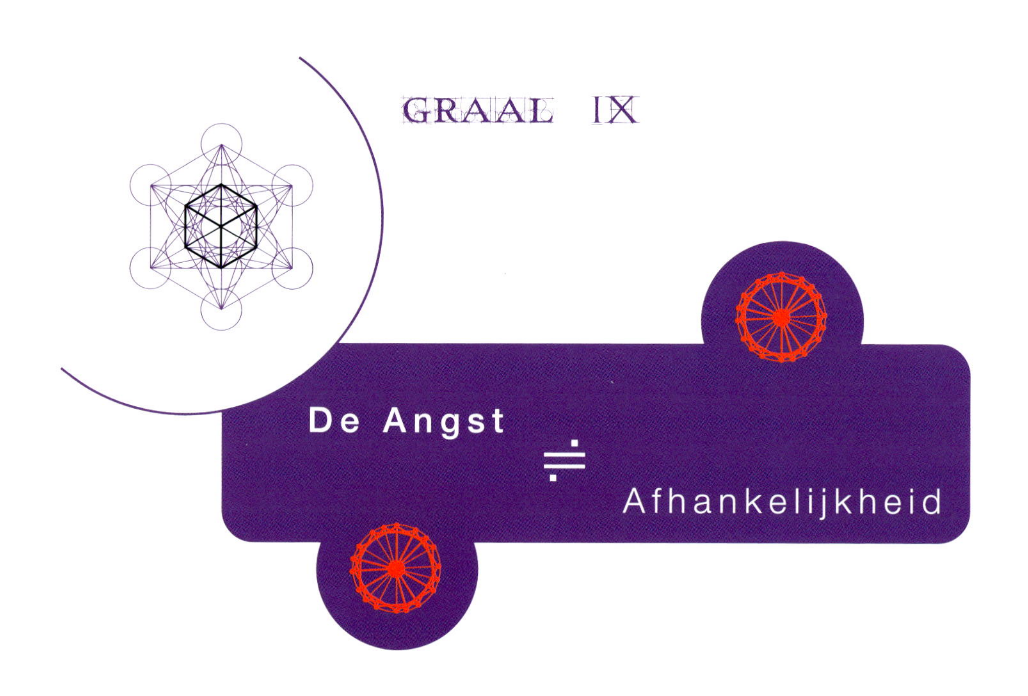

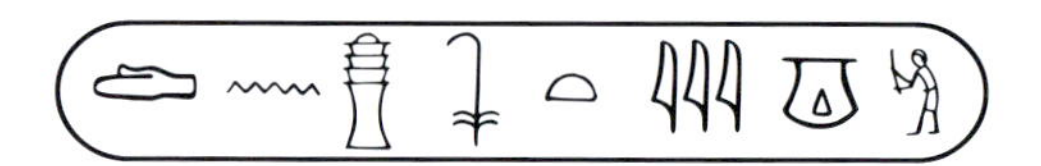

GRAAL X

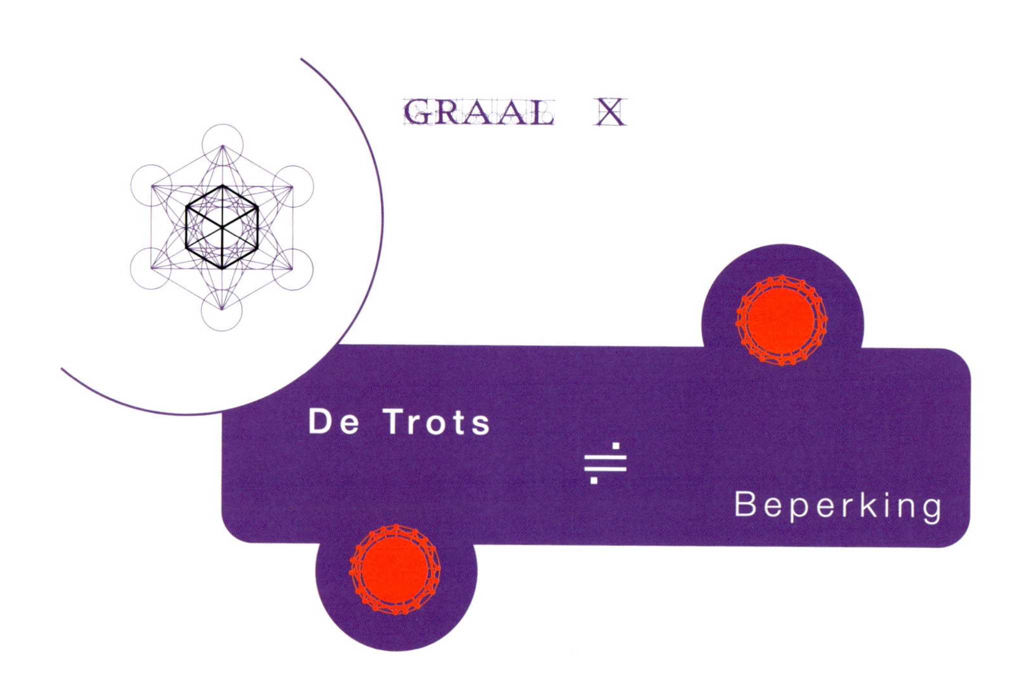

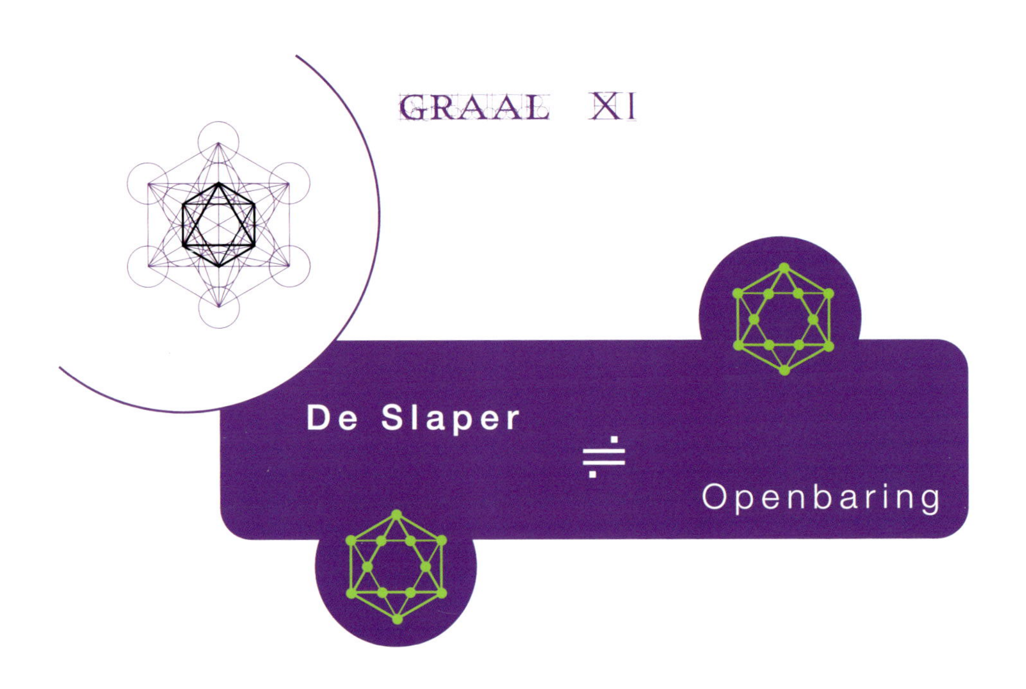
GRAAL XI
De Slaper
÷
Openbaring

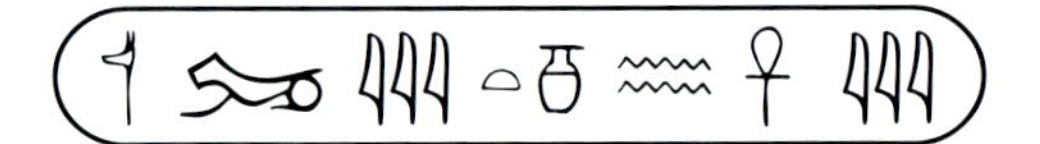

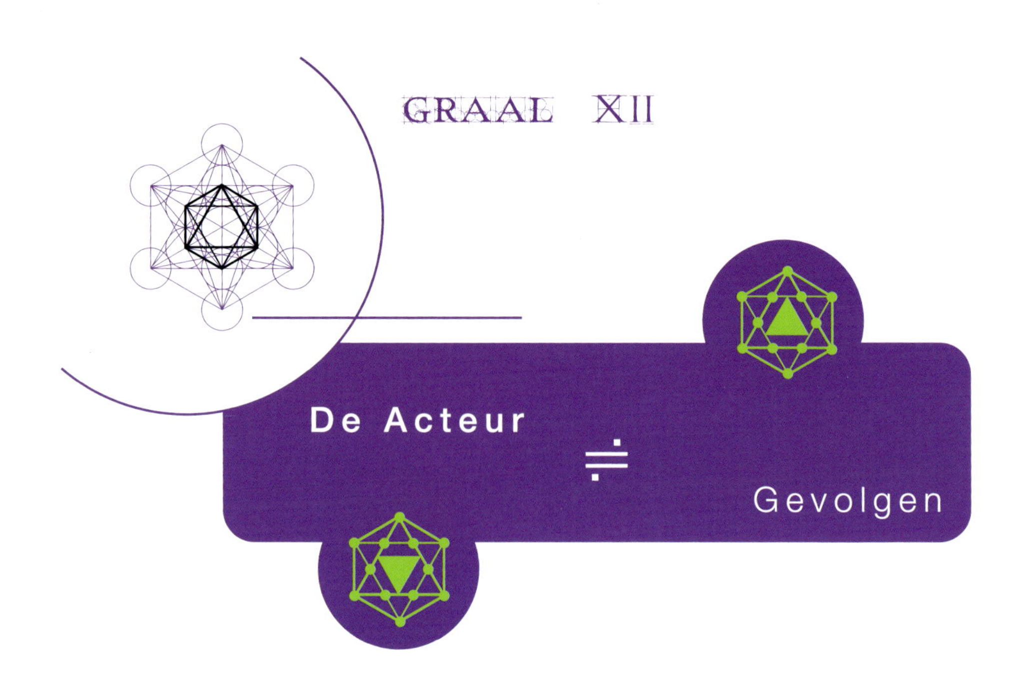
GRAAL XII
De Acteur
÷
Gevolgen

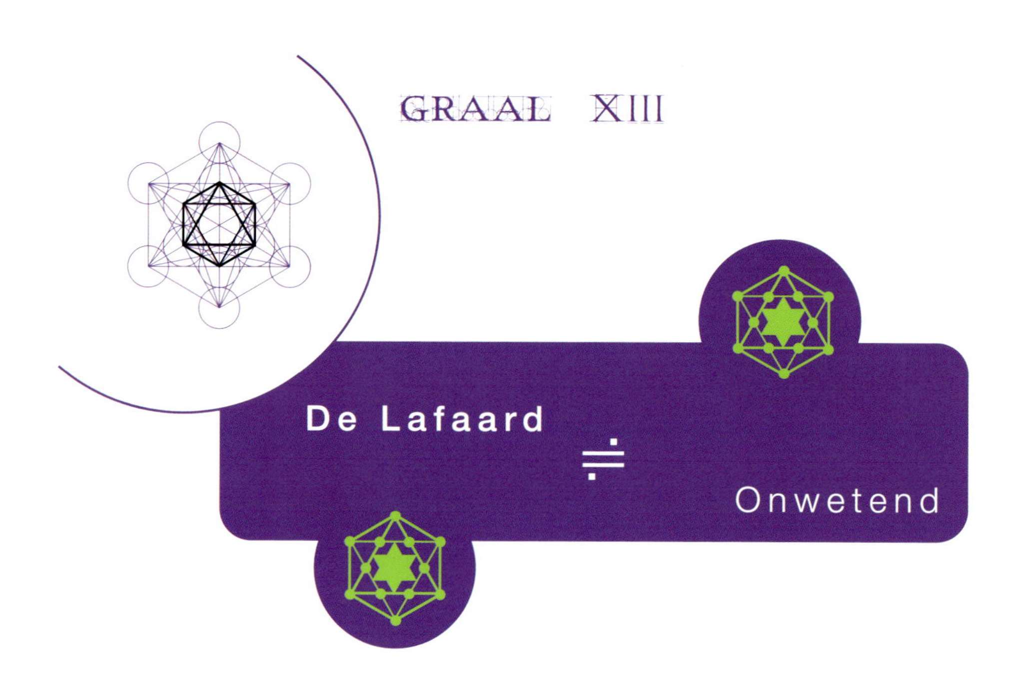
GRAAL XIII
De Lafaard
÷
Onwetend

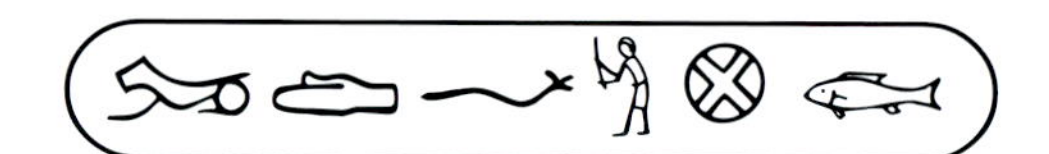

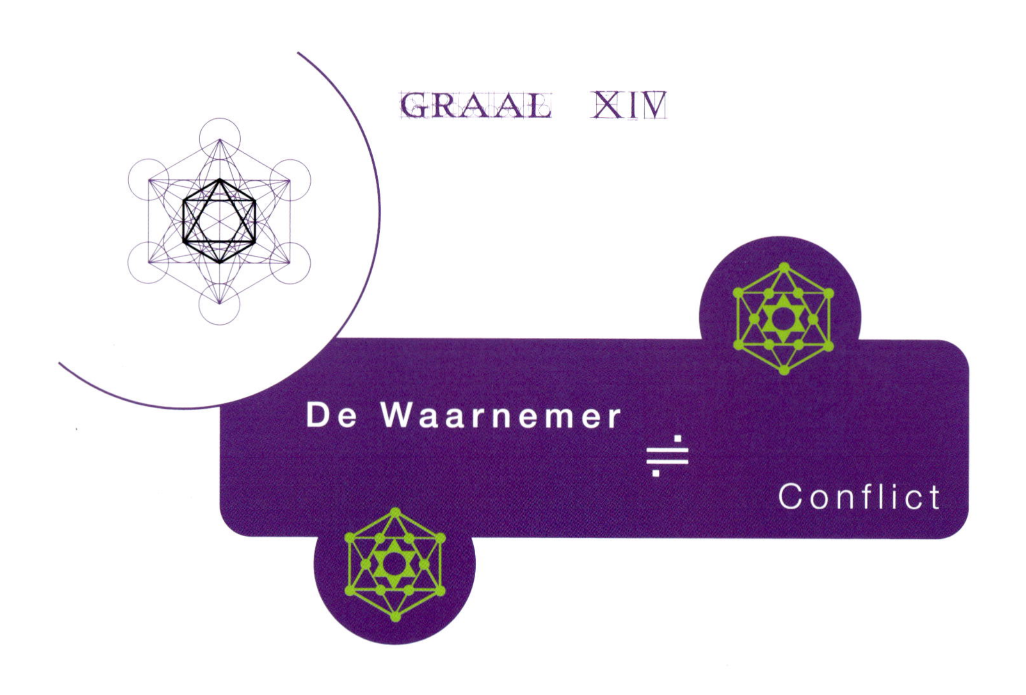
GRAAL XIV
De Waarnemer
÷
Conflict

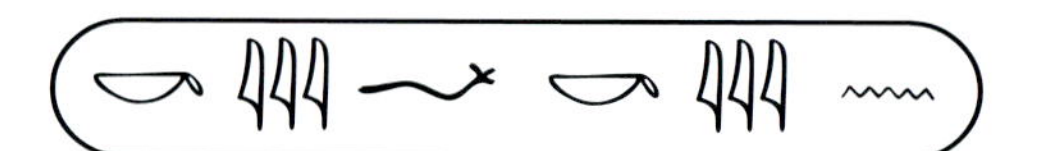

GRAAL XV
Het Moment
÷
Onschuld

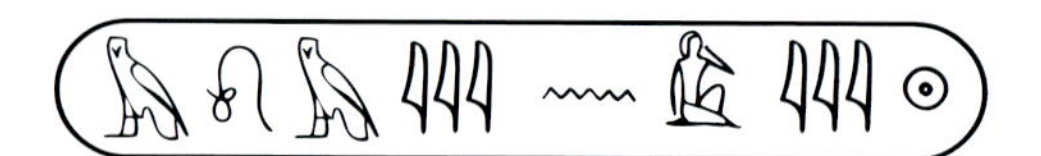

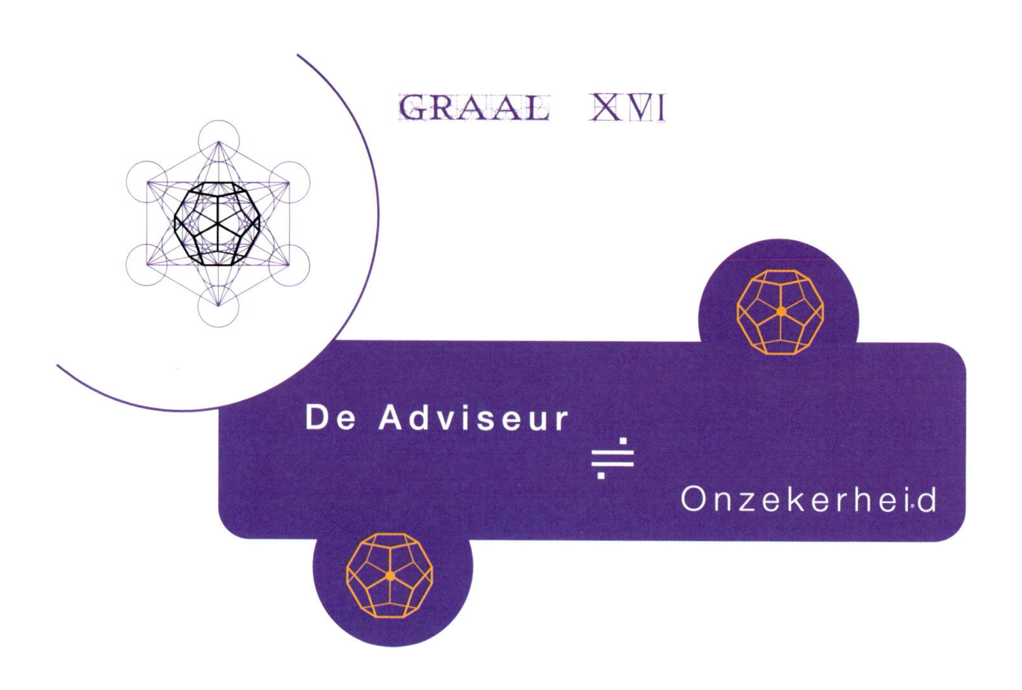
GRAAL XVI
De Adviseur
÷
Onzekerheid

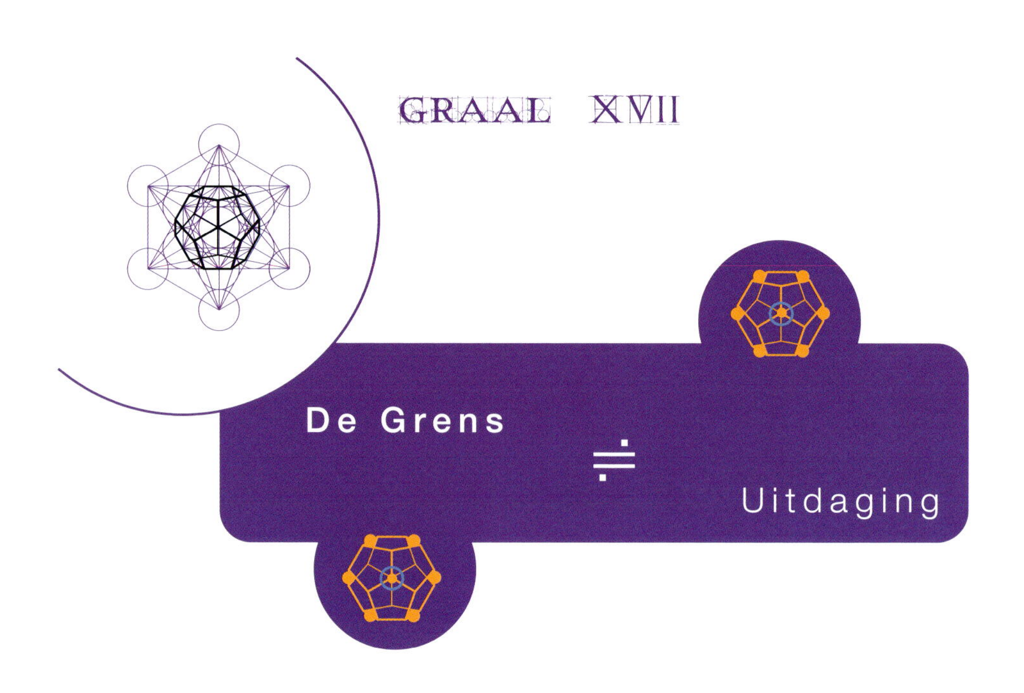
GRAAL XVII
De Grens
Uitdaging

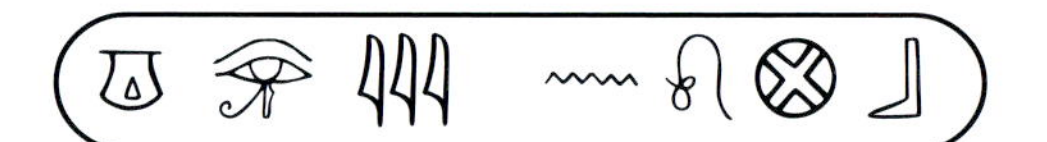

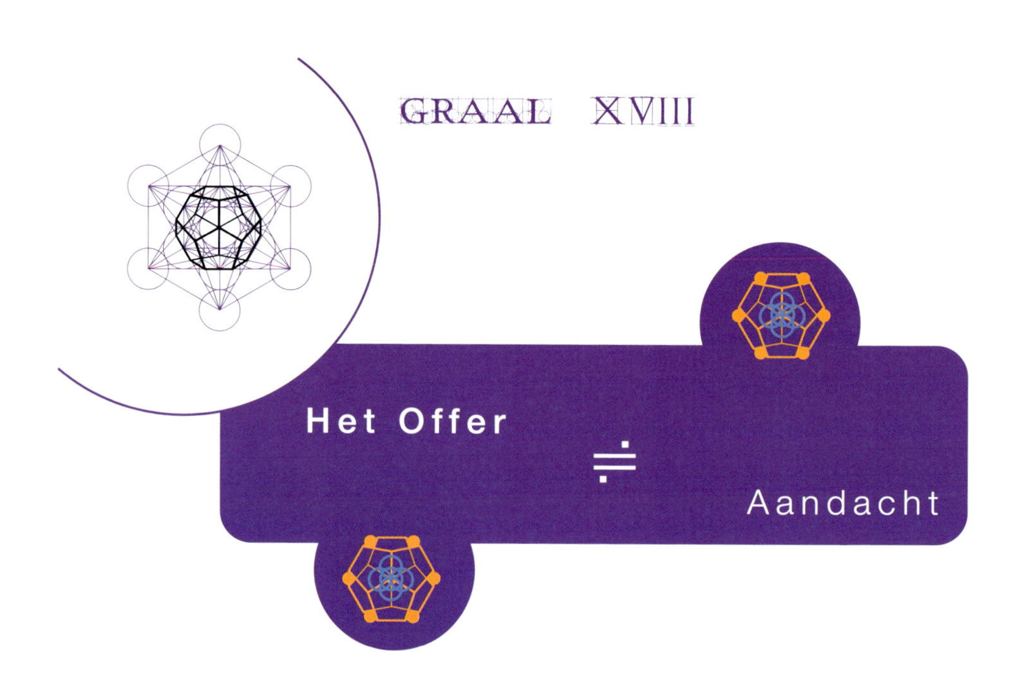
GRAAL XVIII
Het Offer
÷
Aandacht

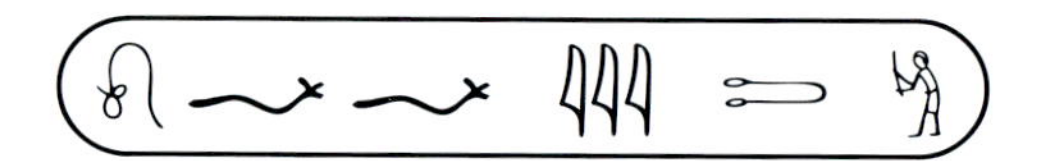

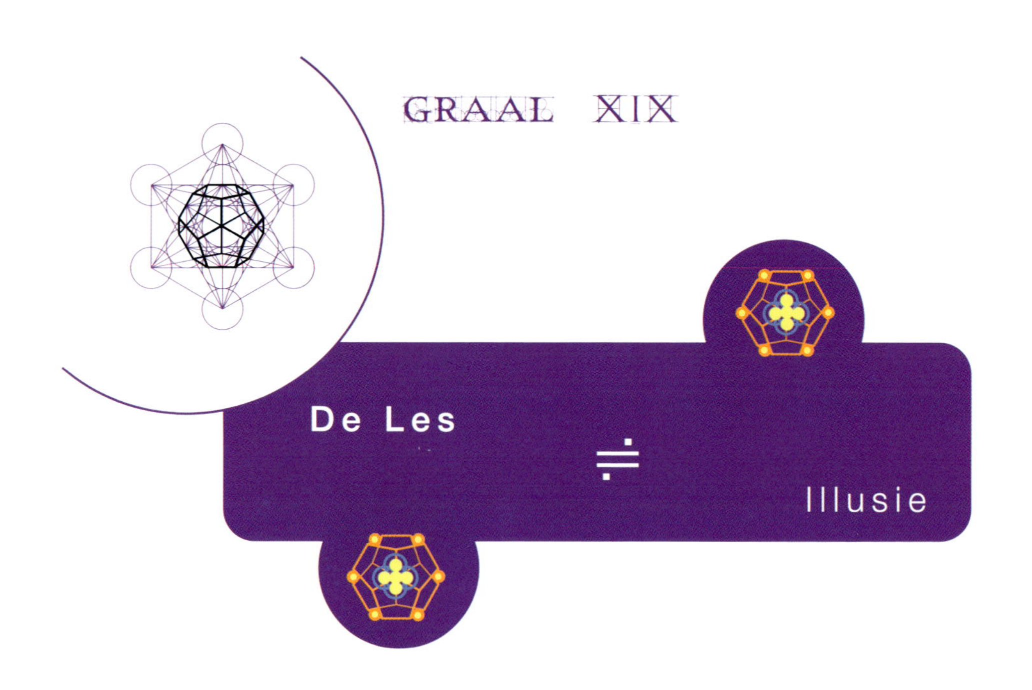
GRAAL XIX
De Les
÷
Illusie

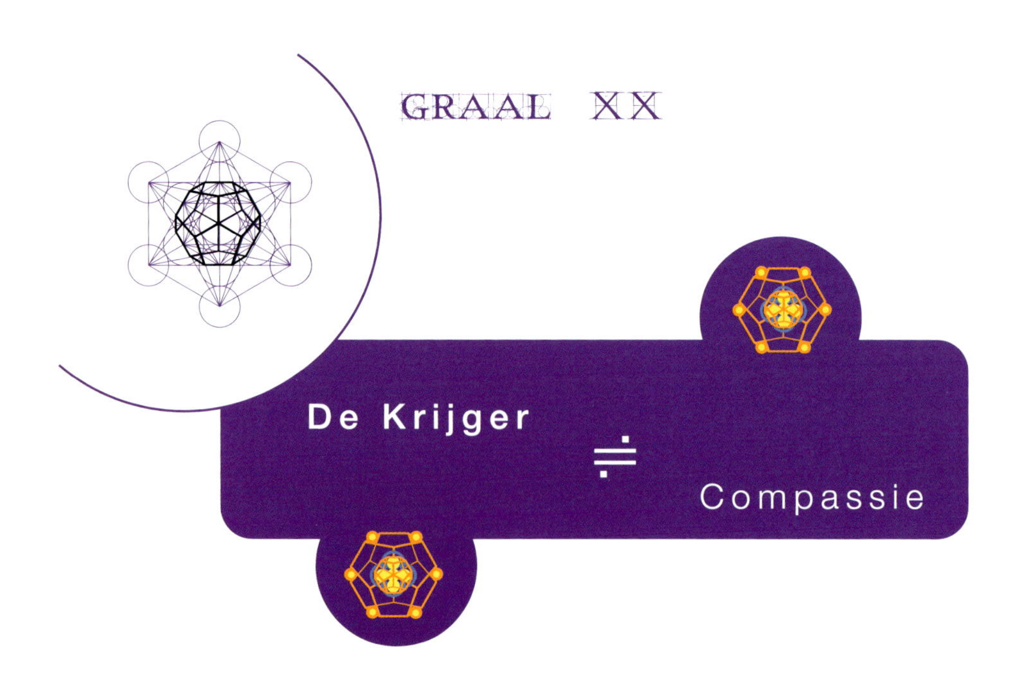

GRAAL XX
De Krijger
÷
Compassie

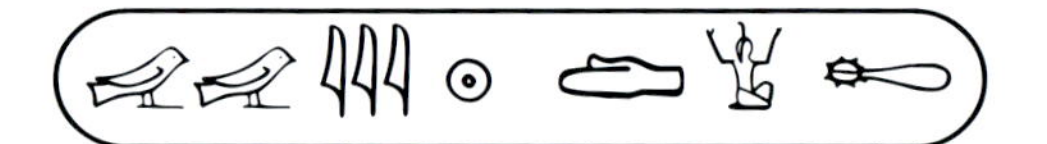

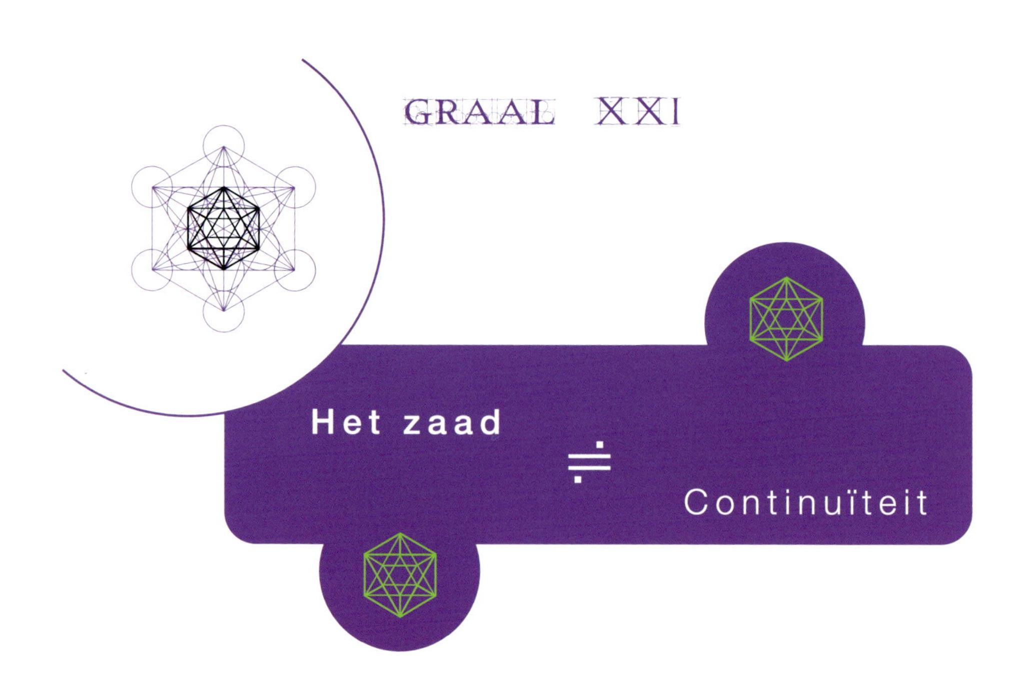
GRAAL XXI
Het zaad
÷
Continuïteit

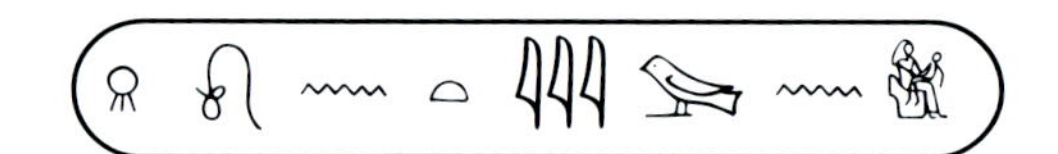

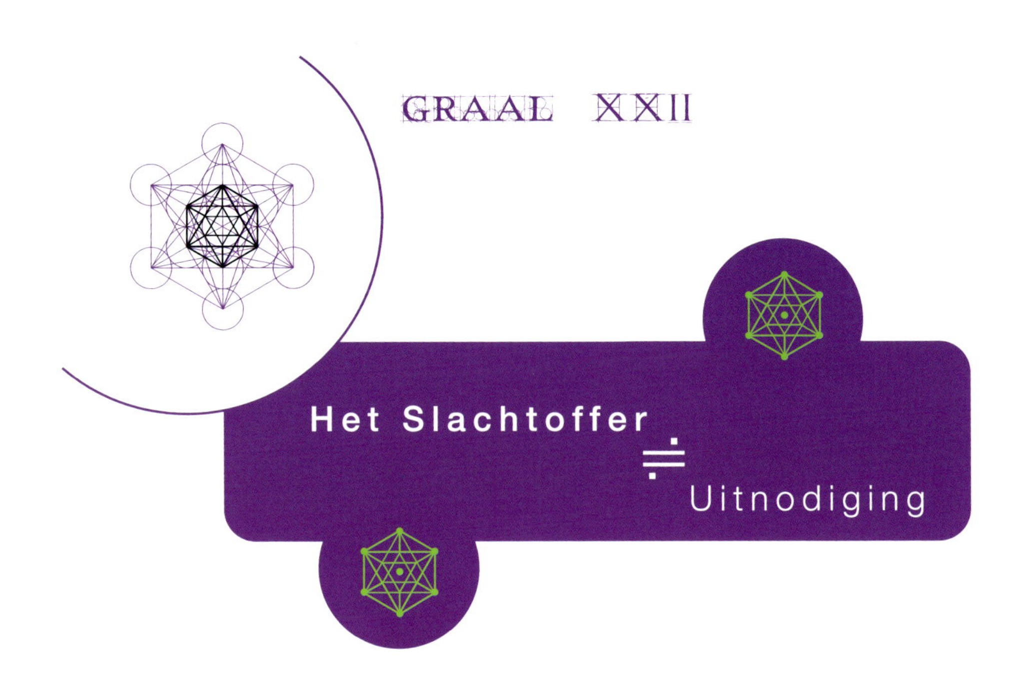
GRAAL XXII
Het Slachtoffer
÷
Uitnodiging

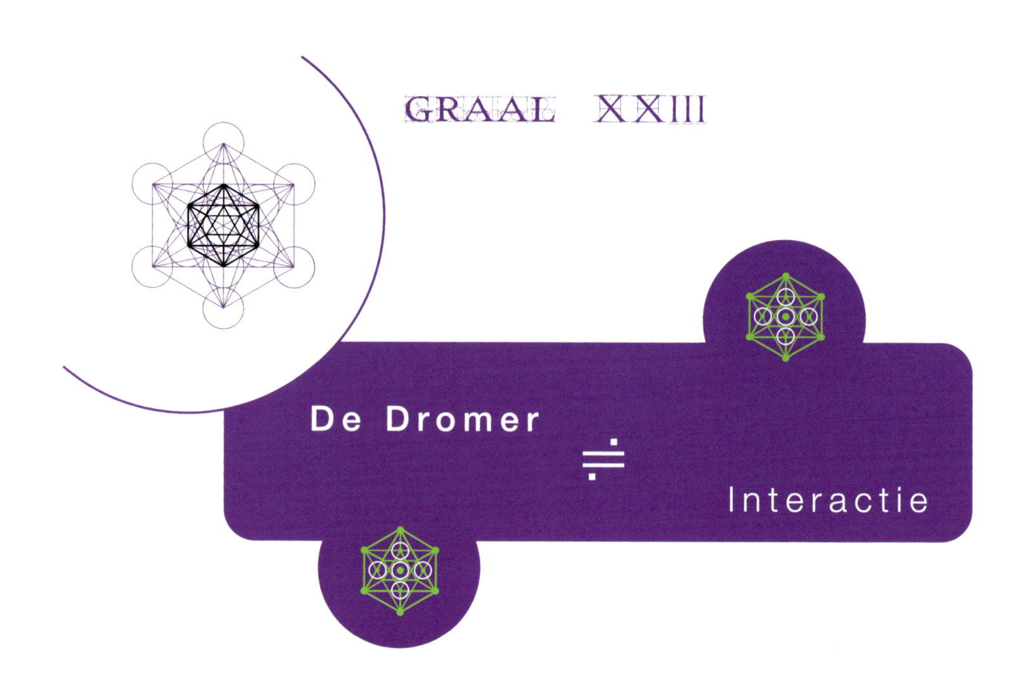
GRAAL XXIII
De Dromer
Interactie

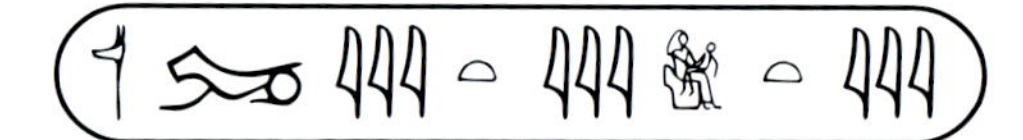

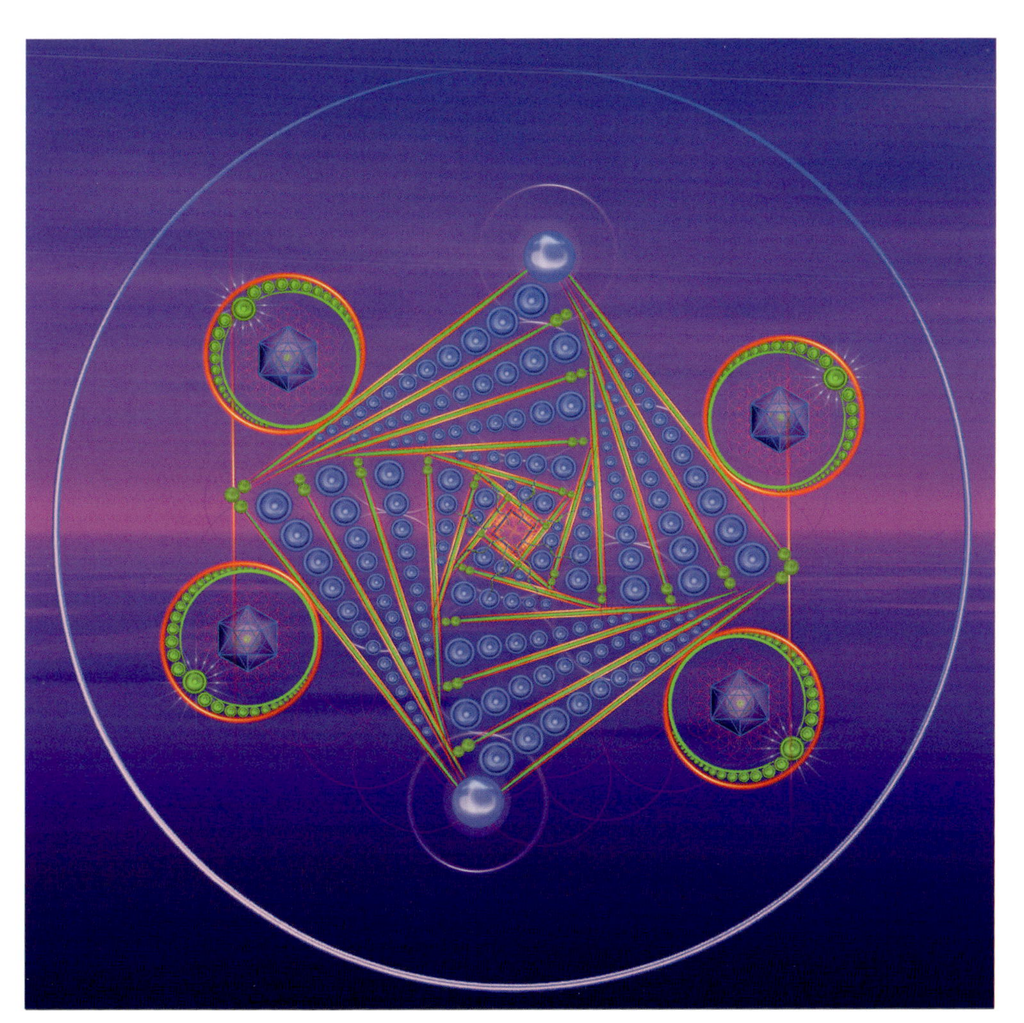

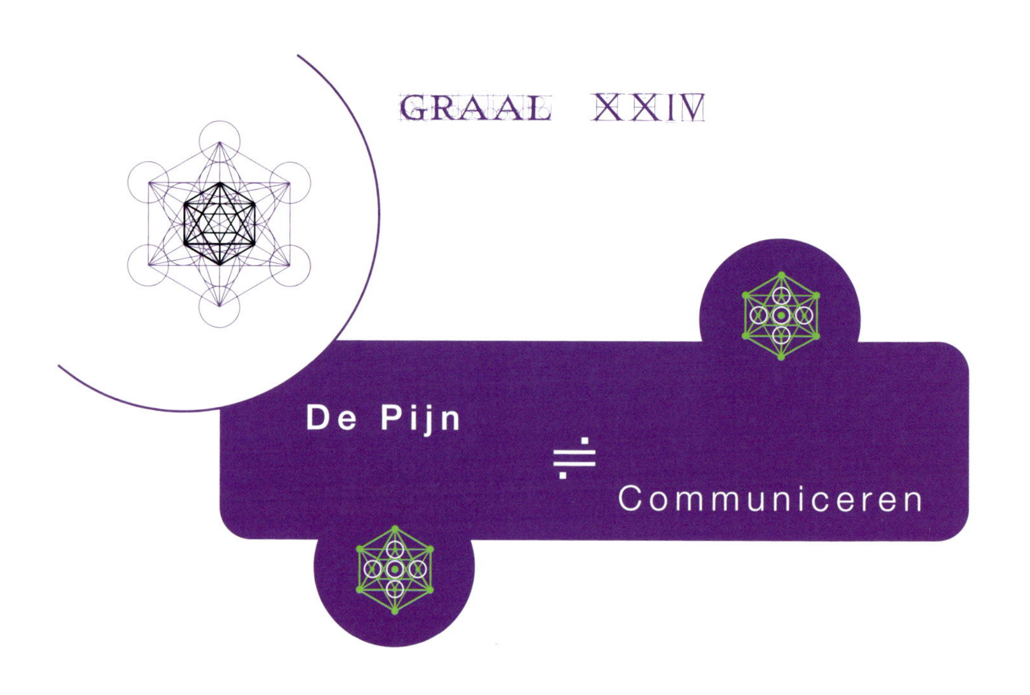
GRAAL XXIV
De Pijn
÷
Communiceren

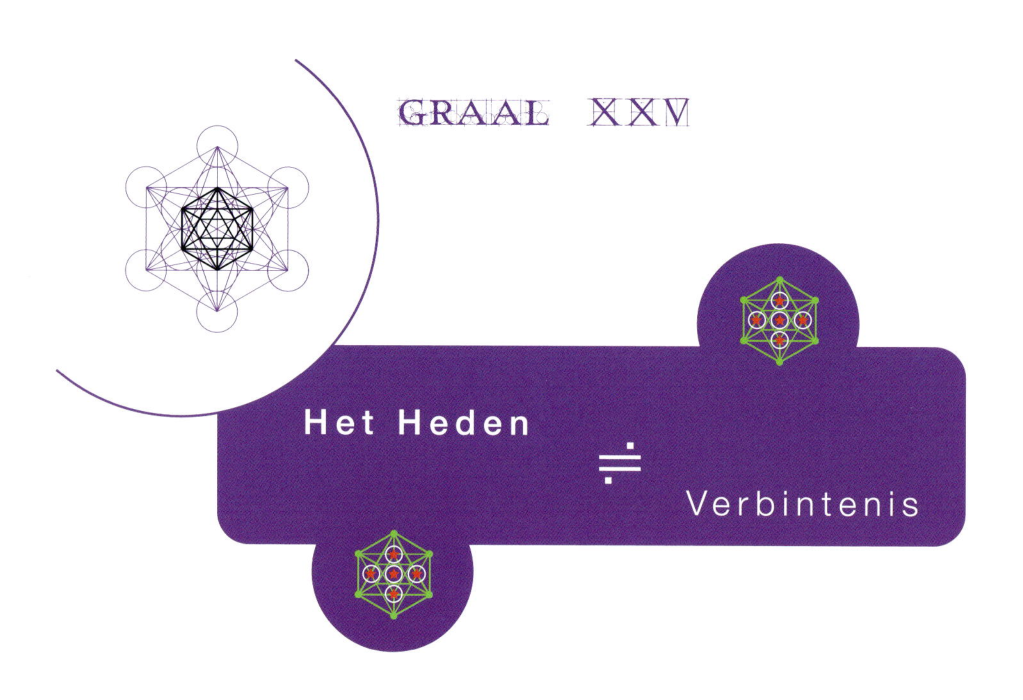
GRAAL XXV
Het Heden
Verbintenis

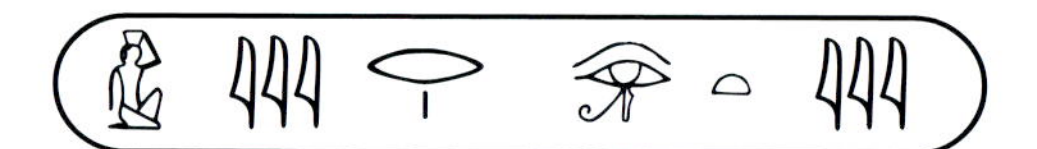

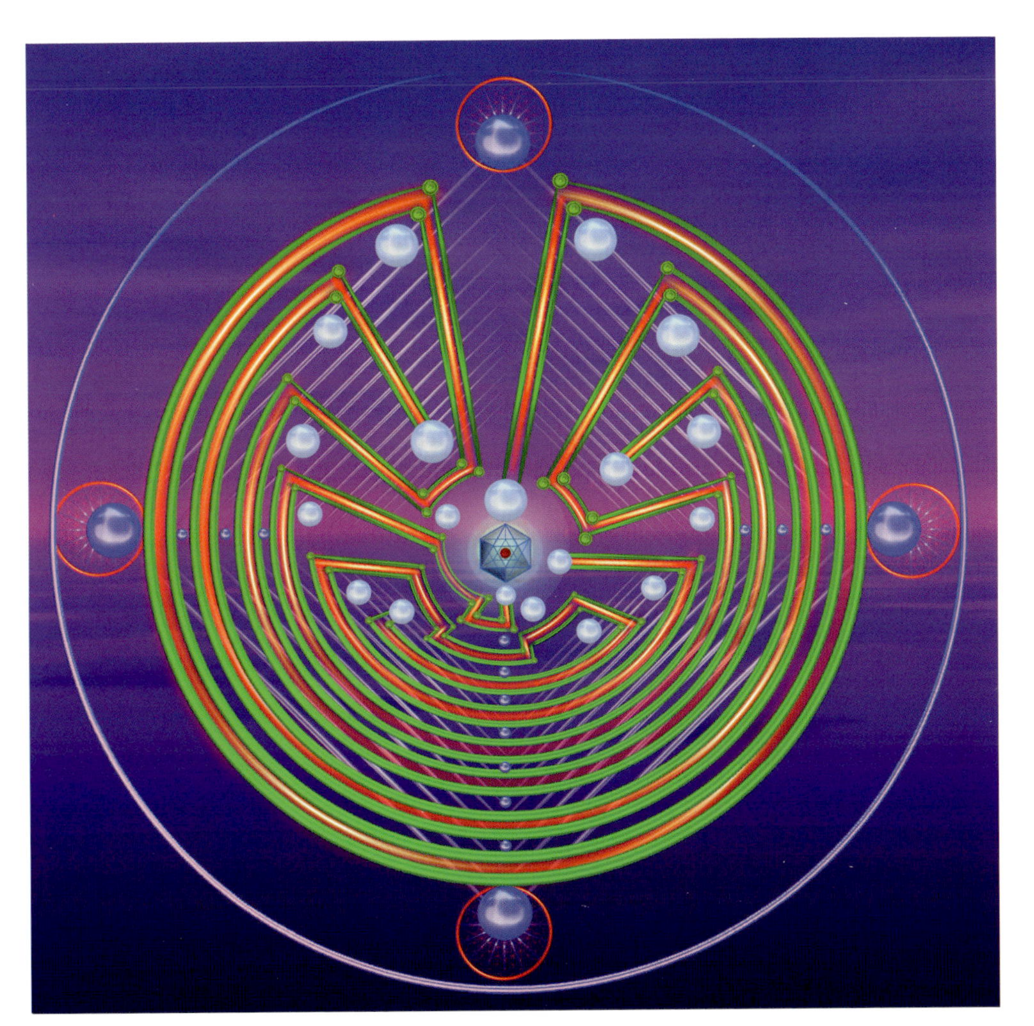

GRAAL XXVI
De Schenker
÷
Eigenwaarde

GRAAL XXVII
Het Hoofd
÷
Twijfelen

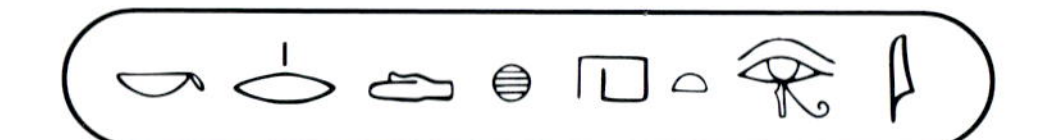

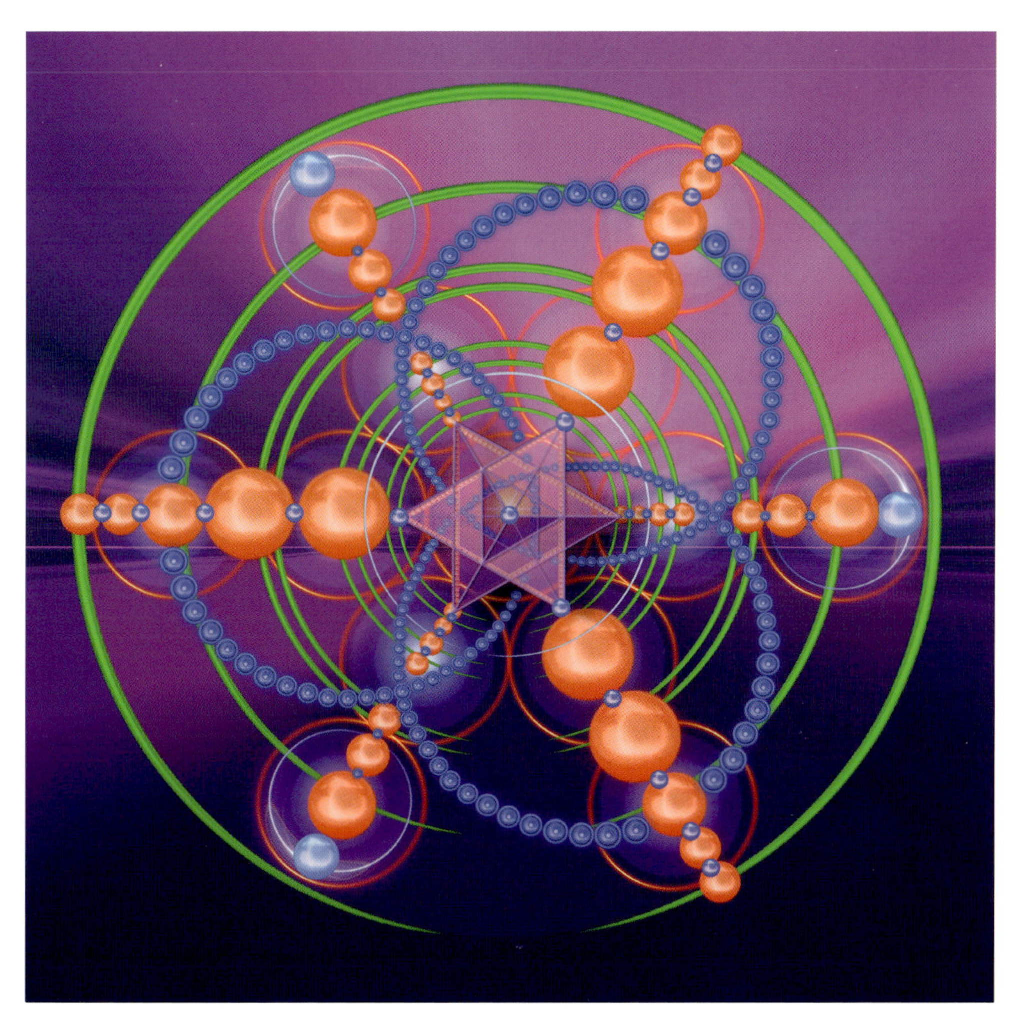

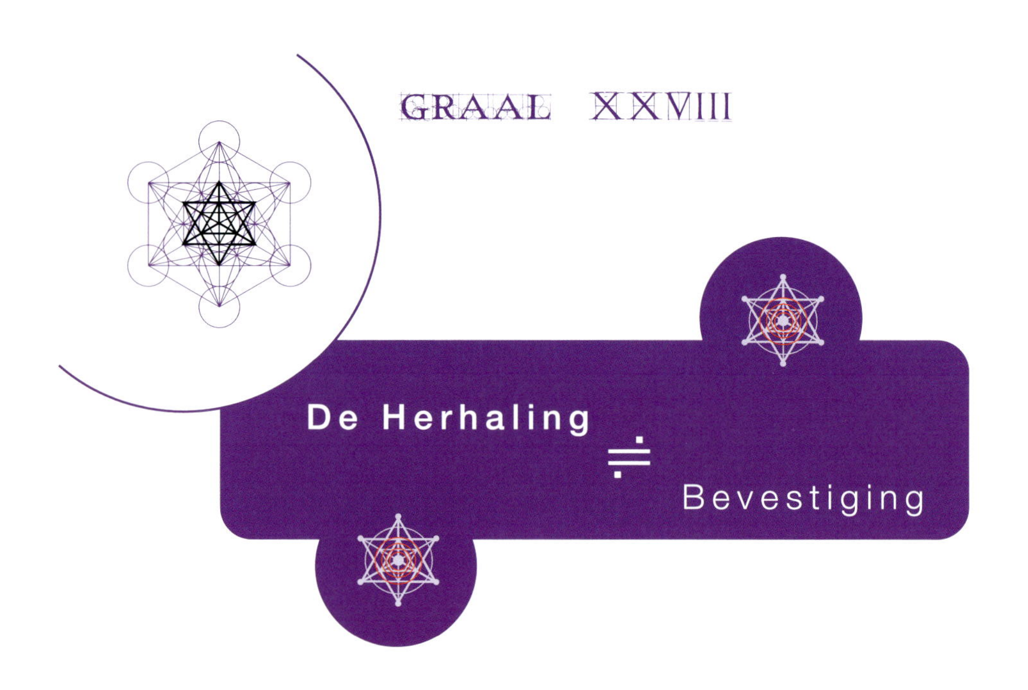

GRAAL XXVIII
De Herhaling
÷
Bevestiging

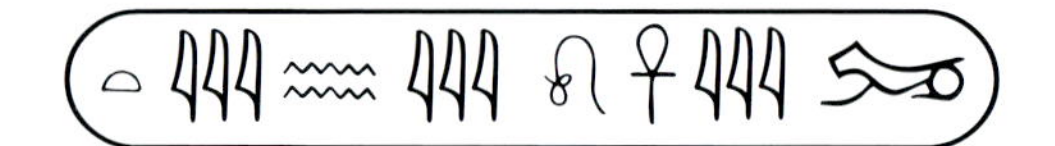

GRAAL XXIX

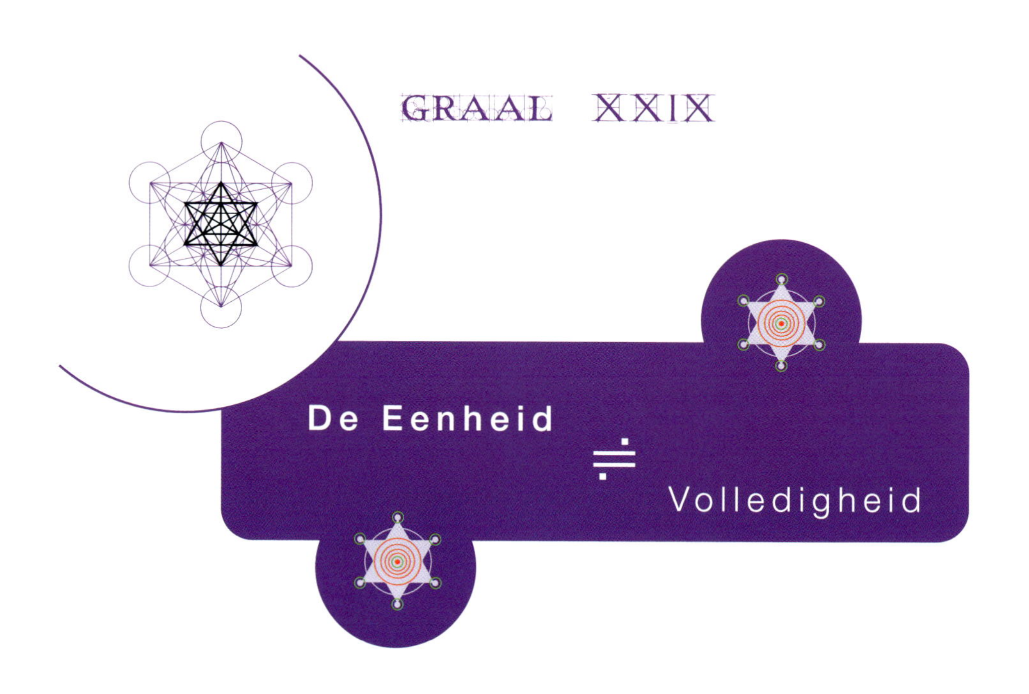

De Eenheid ÷ Volledigheid

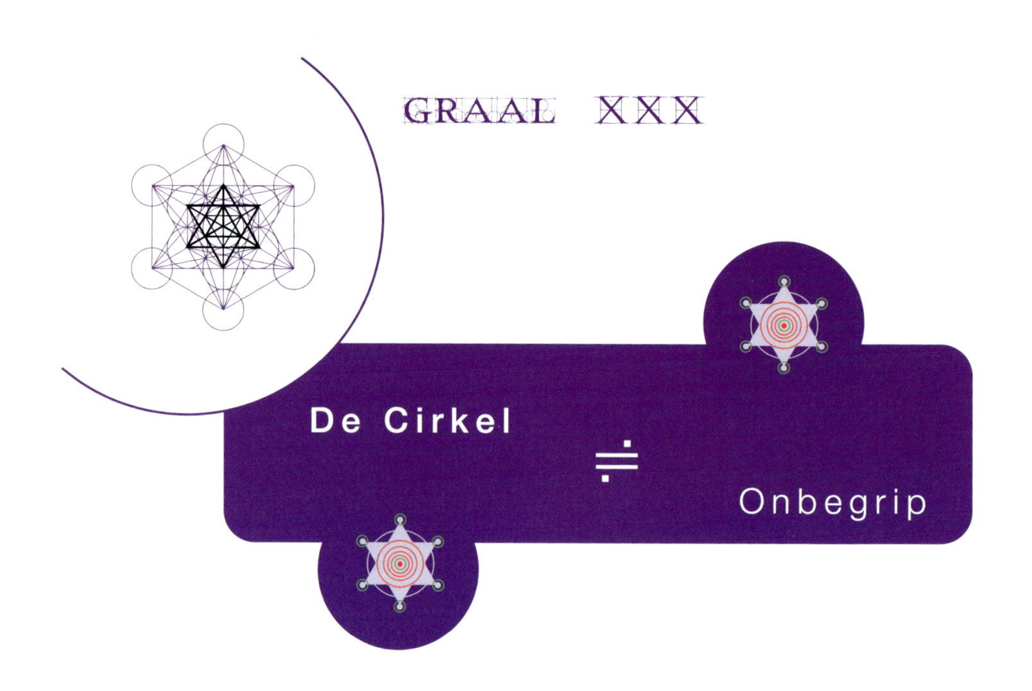
GRAAL XXX
De Cirkel
÷
Onbegrip

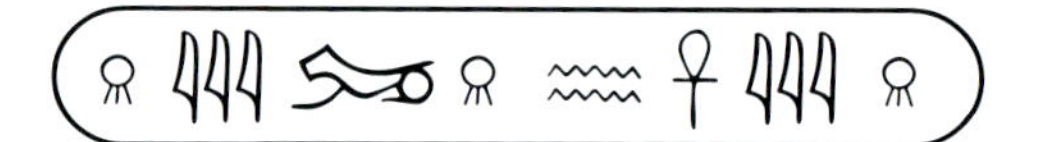

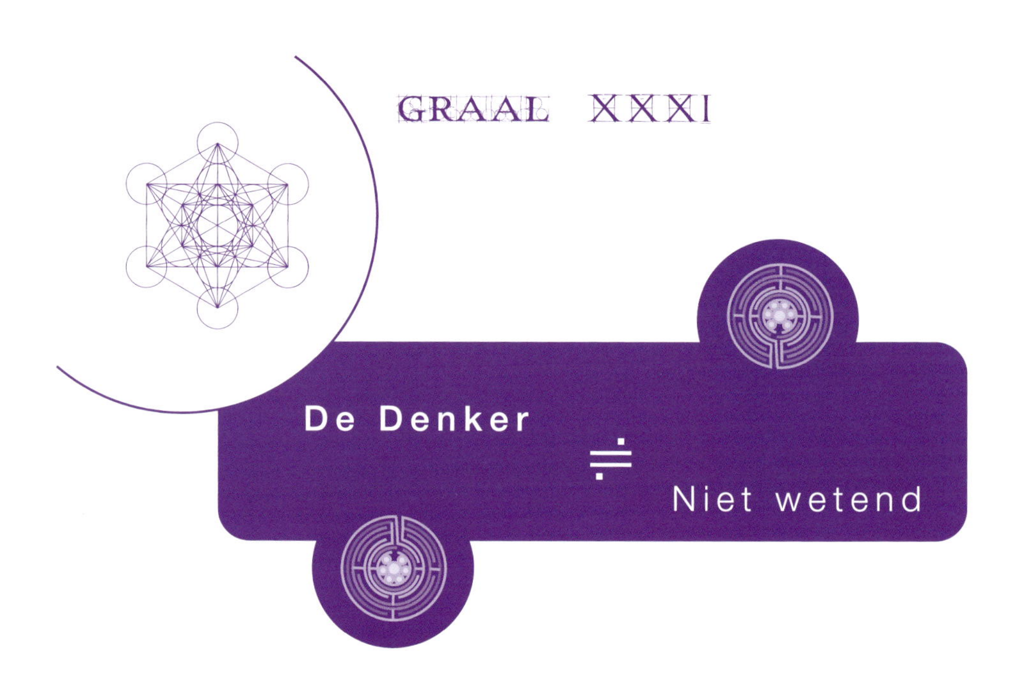
GRAAL XXXI
De Denker
Niet wetend

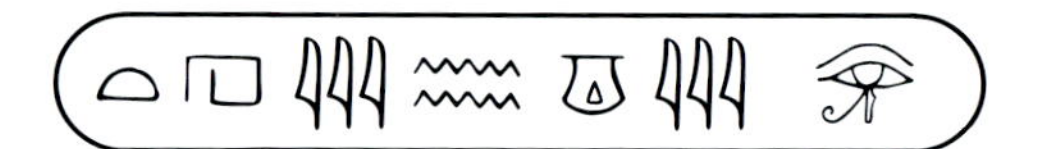

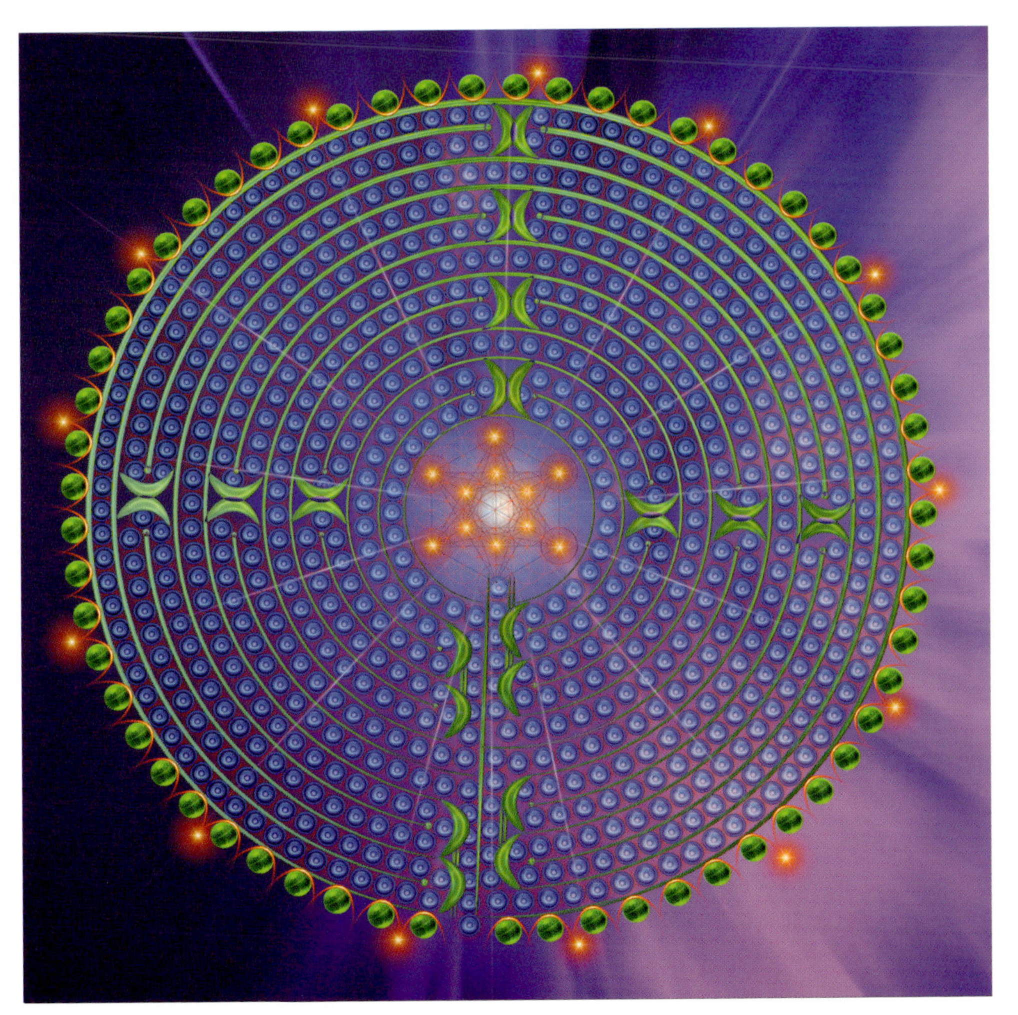

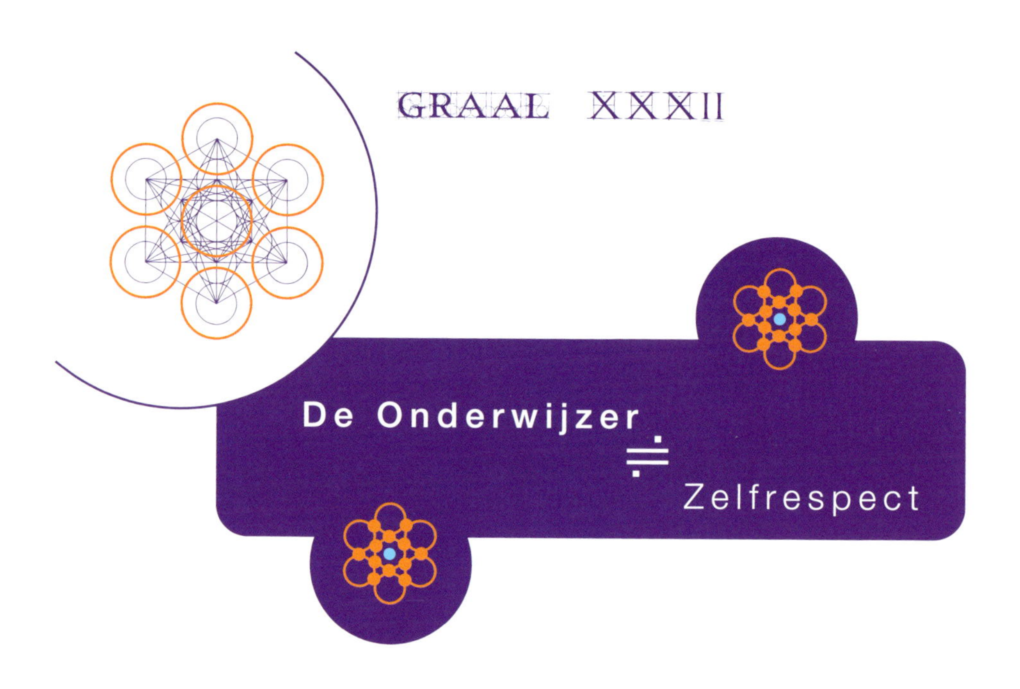
GRAAL XXXII
De Onderwijzer
÷
Zelfrespect

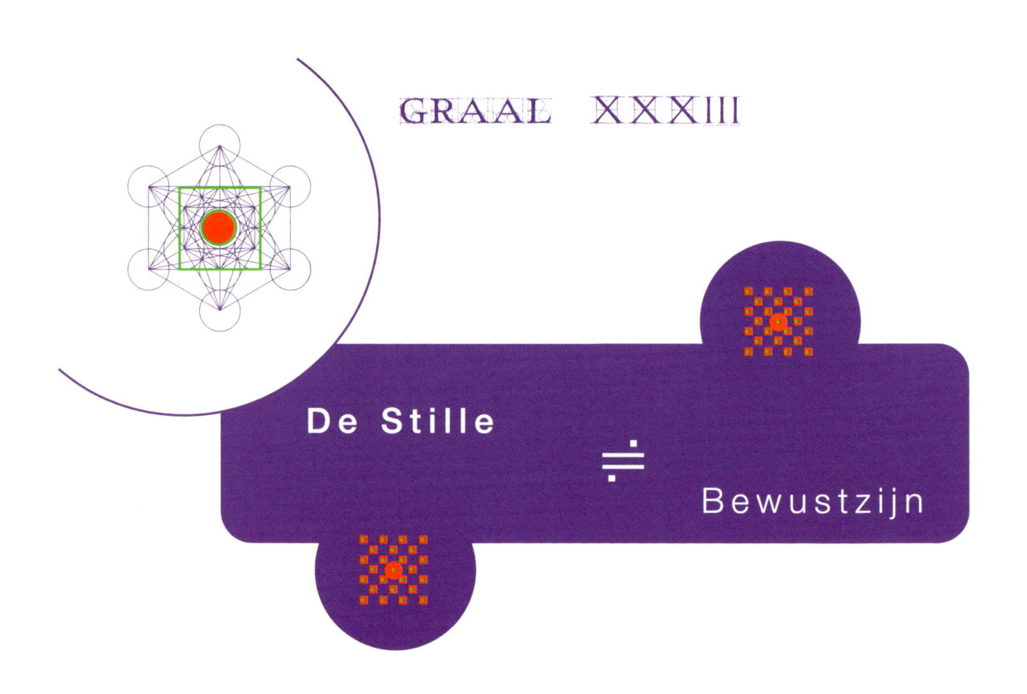
GRAAL XXXIII
De Stille
÷
Bewustzijn

Nawoord . . .

Ik hoop je met deze nieuwe affirmatiebox te inspireren om je hart te volgen. Voel, ervaar en geef je over. Dit is een geweldige tijd om te mogen beleven. We zijn vrij, we kunnen kiezen en alles beleven zoals we dit zelf willen. De Graalcodes helpen om je eigen werkelijkheid te creëren. Immers, de Zoektocht naar de Heilige Graal vormt in de basis de leidraad tot het vinden van je eigen waarheid, je eigen werkelijkheid. De Heilige Graal staat voor de bevrijding van jezelf.

Geniet van elk moment, creëer, deel en inspireer anderen hetzelfde te doen. Als we ons bevrijden van onze angsten, valkuilen en oude programma's die geen doel meer dienen, dan weet ik zeker – zo voel ik het – dat wij met z'n allen deze wereld kunnen veranderen. Verandering naar vrede en overvloed voor iedereen. Maar bovenal: geniet van je eigen creaties.

Van hart tot hart.
Janosh

Van Janosh verscheen ook . . .

Affirmatie set 1 "**Keys of the Arcturians**" [4e druk]

Veelzijdige, posititieve Affirmaties met de Arcturiaanse energiekaarten, een unieke set met veel informatie en wijsheden die reeds in ons onderbewustzijn zijn opgeslagen.

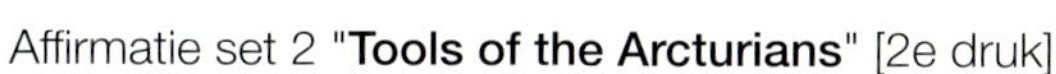

Affirmatie set 2 "**Tools of the Arcturians**" [2e druk]

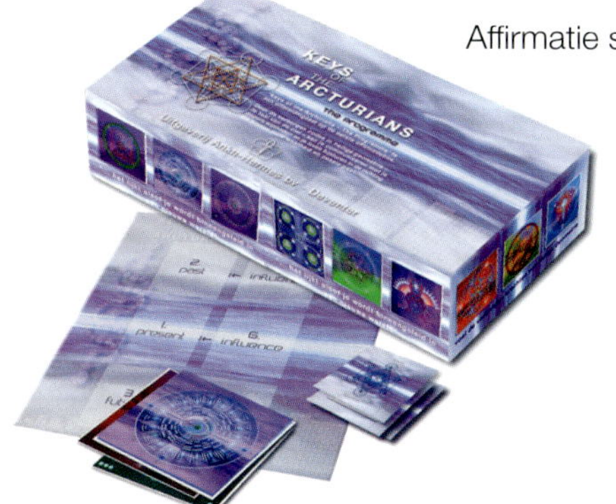

Tools of the Arcturians is een uitbreidingsset op de eerste affirmatiebox. Met dertien nieuwe affirmatiekaarten met energetische zilvercode, 28 themakaarten en speelbord gaan we dieper naar ons basisprogramma en onderbewustzijn om antwoorden te vinden op de vragen: '**Wie ben ik?**', '**Wat wil ik**?', '**Waar kom ik vandaan?**', '**Waar ben ik nu?**' en '**Waar ga ik naartoe?**'.

Arcturian Frequencies - de DVD

'Arcturian Frequencies' biedt een revolutionaire Multimedia Ervaring die een ieder die ernaar kijkt op het diepste niveau raakt; velen hebben dit al ervaren. Ondergedompeld in prachtige hologrammen die elk de universele taal van Heilige Geometrie bevatten – en ondersteund door krachtige muziek – krijg je een diepgaand en inspirerend inzicht in hoe je je leven leidt. De energie die vrijkomt door deze unieke ervaring stelt je in staat om alles wat je wilt te creëren en manifesteren. Een 55 minuten durende reis naar je onderbewustzijn... Je moet het ervaren om het te geloven!

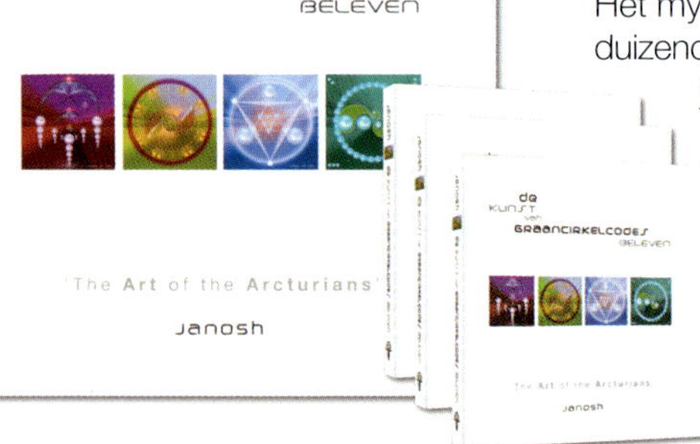

Boek "**de kunst van Graancirkelcodes beleven**". [2e druk]

Het mysterie van graancirkels boeit al jaren duizenden mensen. Nog steeds verschijnen jaarlijks, vooral in Engeland, ongeveer honderd nieuwe graancirkels. Zo bevat elke graancirkel een andere code die invloed heeft op een specifiek deel van ons onderbewustzijn.

Multimedia ervaring - een 'Visual Empowerment'

Janosh' presentatie '**Keys of the Arcturians**' – in Nederland bekend als 'De Kunst van Graancirkelcodes beleven' - is een multimediale ervaring die een ieder die ernaar kijkt op het diepste niveau raakt, velen merken dit ook. Ondergedompeld in schitterende hologrammen, levensveranderende vragen en een aantal Activaties - ondersteund door prachtige muziek - krijg je als toeschouwer een diepgaand en inspirerend inzicht in de manier waarop je je leven leidt. Een bijzondere reis naar je onderbewustzijn...

De presentatie bestaat uit verschillende delen, die afzonderlijk van elkaar en in willekeurige volgorde ervaren kunnen worden. Ook worden workshops georganiseerd waarin alle verschillende delen in één dag aan bod komen. Voor meer informatie over data en locaties, kijk op de website onder agenda.

www.the-arcturians.com